# 长距离输水隧洞监测
# 关键技术研究

温 帅 彭立威 杜一飞 巩立亮 著

黄河水利出版社
·郑州·

## 内 容 提 要

本书依托兰州市水源地建设工程,对长距离输水隧洞中的安全监测系统设计、安全监测项目实施和监测效果评价等方面关键技术进行了研究。全书共分为7章,即绪论、安全监测设计关键技术研究、静态监测实施关键技术研究、动态监测实施关键技术研究、工程评价、安全监测自动化系统、结论。本书的研究成果在长距离隧洞工程方面具有推广应用价值,可指导类似工程施工和运行,降低安全风险,为长距离输水隧洞安全监测提供参考。

本书可供水利水电工程相关设计、管理单位人员和从事输水隧洞安全监测设计、施工的技术人员参考,也可作为水利水电工程、水工结构、岩土工程和安全工程等专业师生的参考书。

## 图书在版编目(CIP)数据

长距离输水隧洞监测关键技术研究/温帅等著. —
郑州:黄河水利出版社,2023.9
ISBN 978-7-5509-3746-8

Ⅰ.①长… Ⅱ.①温… Ⅲ.①长距离-过水隧洞-安全监测-技术-研究 Ⅳ.①TV672

中国国家版本馆 CIP 数据核字(2023)第 188658 号

组稿编辑:王志宽   电话:0371-66024331   E-mail:278773941@qq.com

| | | | |
|---|---|---|---|
| 责任编辑 | 郭 琼 | 责任校对 | 杨雯惠 |
| 封面设计 | 李思璇 | 责任监制 | 常红昕 |

出版发行 黄河水利出版社
地址:河南省郑州市顺河路49号  邮政编码:450003
网址:www.yrcp.com  E-mail:hhslcbs@126.com
发行部电话:0371-66020550
承印单位 河南新华印刷集团有限公司
开  本  787 mm×1 092 mm  1/16
印  张  13.75
字  数  318 千字
版次印次  2023 年 9 月第 1 版  2023 年 9 月第 1 次印刷
定  价  98.00 元

# 前　言

　　近年来大型水电工程、引调水工程高速发展,长距离、深埋藏、多工法复杂隧洞已成为主要工程建筑物,在工程实施过程中存在深大基坑围护体系失效、基坑坍塌、高承压深埋长距离隧洞涌水涌沙、围岩失稳坍塌、地层下沉及地面坍塌等风险。为及时发现上述风险,埋设监测设施、建立先进的安全监测系统并对监测成果进行及时分析和反馈非常重要。

　　长距离输水工程规模大、线路长、建筑物多、地质条件复杂、结构形式多样、穿越的地面建(构)筑物繁多,在施工期和运行期的安全直接关系到国民经济发展和人民生命财产安全。安全监测通过先进的监测仪器和人工巡视检查等手段捕捉建筑物的位移、渗漏量、应力应变等信息,并与设计理论计算值对比,预判建筑物及周边环境的安全性态,达到监控安全的目的。安全监测工作在长距离输水工程建设期和运行期的安全管理中具有举足轻重的作用,是工程安全的"守护神"。

　　长距离输水工程建设过程中,隧洞等建(构)筑物及周边环境的安全性态是设计、施工和管理部门十分关心的问题。建立长距离输水工程的安全监测系统,及时获取监测数据,并对其进行分析、判断,发现异常迹象及时采取补救措施,确保工程安全。同时,通过对监测数据的分析,验证施工工艺的合理性,及时反馈设计、指导施工,是工程安全的"耳目"。

　　长距离输水工程安全监测信息管理系统是集物联网、大数据、现代通信技术、先进监测技术为一体的智能管理平台。其通过翔实、准确的监测数据,高效、快速的分析计算,实现对建筑物及周边环境安全性态的实时监测与评价,对异常现象及时预报预警,并进行信息自动推送,为"智慧水利"一体化监测感知体系提供底层数据支撑,为"智慧水利"智能决策系统提供决策依据,是"智慧水利"的"重要成员"。

　　目前,传统水工建筑物的监测方法已趋成熟,也积累了丰富的安全监测经验。同时,长距离输水工程的监测不能像点工程一样追求密度、精度,新技术的广泛应用也制约了安全监测仪器设施的安装埋设方法、仪器选型、电缆(光缆)敷设及通信方式等,长距离输水工程在监测项目选择、仪器成活率、自动采集系统、数据传输方式、长距离电缆光缆敷设及保护等方面存在诸多挑战。本书对上述关键技术问题进行了相关研究和实践,主要成果如下:

　　(1)充分总结已建工程的成功经验和失败教训,提出了适用于长隧洞监测的监测手段和方法,尤其是针对 TBM 管片的监测项目和仪器埋设方式有创新、有突破。

　　(2)针对不同的地质特点及施工工艺,在监测仪器选型和长距离电缆光缆敷设及保护等方面提出节省投资的建议和监测项目布设方式。

　　(3)针对众多不同型号的自动采集设备,建立了兼容性强、高效、快速的安全监测自动化系统,在施工期起到了"指导施工,验证设计"的作用,在运行期起到工程安全"耳目"

的作用,实现了确保"线性工程"全生命周期工程安全的终极目标。

本书共包括7章。其中,第1章绪论、第2章安全监测设计关键技术研究、第7章结论由温帅、杜一飞、巩立亮共同撰写,第3章静态监测实施关键技术研究、第5章工程评价由彭立威、杜一飞共同撰写,第4章动态监测实施关键技术研究由杜一飞、彭立威共同撰写,第6章安全监测自动化系统由巩立亮、温帅共同撰写。全书由温帅统稿。

本书的研究工作得到了黄河勘测规划设计研究院有限公司、江河安澜工程咨询有限公司的资助和支持,特此向支持和关心本书研究工作的单位和个人表示衷心的感谢;感谢出版社同志为本书出版付出的辛勤劳动;书中有部分内容参考了有关单位或个人的研究成果,在此一并致谢。

本书虽几经改稿,但限于作者水平,不当之处在所难免,欢迎广大读者批评指正。

**作　者**

2023 年 9 月

# 目　录

1.1　研究意义 ……………………………………………………（1）

1.2　国内外研究现状 ……………………………………………（1）

1.3　主要研究方法及技术路线 …………………………………（3）

第 2 章　安全监测设计关键技术研究 …………………………………（5）

2.1　静态监测系统 ………………………………………………（5）

2.2　动态监测系统 ………………………………………………（20）

第 3 章　静态监测实施关键技术研究 …………………………………（28）

3.1　仪器现场检验率定 …………………………………………（28）

3.2　仪器现场安装 ………………………………………………（45）

3.3　电缆/光缆引设与保护 ……………………………………（52）

第 4 章　动态监测实施关键技术研究 …………………………………（65）

4.1　监控项目 ……………………………………………………（66）

4.2　视频监控系统 ………………………………………………（67）

4.3　动态监控系统 ………………………………………………（72）

4.4　振动效应测试 ………………………………………………（75）

4.5　冲击波测试 …………………………………………………（77）

4.6　水下摄影 ……………………………………………………（78）

第 5 章　工程评价 ………………………………………………………（82）

5.1　基于静态监测数据的工程评价 ……………………………（82）

5.2　基于动态监测数据的工程评价 ……………………………（155）

第 6 章　安全监测自动化系统 …………………………………………（194）

6.1　配置概况 ……………………………………………………（194）

6.2　自动化配置方案 ……………………………………………（194）

6.3　数据采集 ……………………………………………………（203）

第 7 章　结　论 …………………………………………………………（210）

参考文献 …………………………………………………………………（213）

# 第 1 章 绪 论

## 1.1 研究意义

伴随着大型水电工程、引水工程等的高速发展,长距离输水隧洞已成为工程的主要建筑物,TBM 施工技术的全面推广加快了隧洞的施工进度,制约了安全监测仪器设施的安装埋设;同时,长距离隧洞的仪器选型及通信方式一直是制约监测的重要因素,进而导致监测效果不甚理想。因此,有必要对长距离隧洞的监测方法进行深入研究,提出一套经济、适用的监测手段和方法,以提高其在长距离隧洞工程中的推广应用价值。本书依托兰州水源地建设工程,对长距离输水隧洞安全监测关键技术进行研究。

## 1.2 国内外研究现状

### 1.2.1 国内外现状、水平和发展趋势

传统水工建筑物的监测方法和经验已日趋成熟。然而,长达十几千米甚至几十千米的输水隧洞是一个典型的线性工程,这与大多数水工建筑物在几百米以内的传统水工工程的监测思路有显著区别。长距离输水隧洞监测不可能像传统水工工程一样追求密度、精度,导致永久监测仪器的布置受限。当前,水工隧洞监测主要包括隧洞开挖时围岩稳定性安全监测、运行期整体结构承载能力的安全监测,以及内水外渗引起的边坡失稳、建筑物倒塌等环境的监测,这些监测项目都是参考交通隧道及地下洞室监测项目所做的常规监测。目前,国内对水工隧洞监测方面的问题已有一定研究,国家相关规范也对水工隧洞的监测提出了相应的要求,然而,针对长距离输水隧洞面临的监测仪器电缆引线过长、存在监测数据误差过大甚至无法传输等问题,国内外尚无成熟的解决方案。

### 1.2.2 对企业、行业的推动(带动)作用

随着国内大批跨流域调水项目(如引汉济渭工程、南水北调西线工程等)的陆续开展,长距离输水隧洞监测问题已成为亟待解决的关键问题,在这种前提条件下,有必要对长距离输水隧洞安全监测问题进行专门研究。南水北调西线项目是一个超大型的跨流域调水工程,大埋深、超长输水隧洞是国内外前所未有的,除结构上一些关键技术问题外,安全监测技术问题也是一个重大考验。通过深入研究和实际尝试,本书的成果能对南水北调西线长距离输水隧洞的安全监测问题提供参考,对整个监测行业的发展也有一定的促进作用。

### 1.2.3 技术水平及市场前景

本书依托已开工的兰州市水源地建设工程,在设计、施工方面全过程跟踪长距离输水隧洞建设过程中所遇到的各种监测问题,并对其中的关键问题进行深入研究,通过具体实践、试验,总体达到国际先进水平。

本书研究成果可在类似项目中推广应用,并在监测行业向需方提供技术支持,提升科技创新水平。

#### 1.2.3.1 本书主要内容及关键技术

1. 主要目标

提出适用于长隧洞的监测手段和方法,提出选型合理、投资节省的布置建议,为工程安全可靠运行提供科学的评判数据。

2. 主要内容

(1)充分总结已建工程的成功经验和失败教训,提出适用于长隧洞监测的监测手段和方法,力求有所创新、有所突破。

(2)根据不同的地质特点及施工工艺,在监测手段和方法上要减小施工干扰,提出选型合理、投资节省的布置建议。

(3)通过规范的监测仪器安装埋设、可靠的监测数据整理分析,在施工期起到"指导施工,验证设计"的作用,在运行期起到工程安全"耳目"的作用,为工程安全可靠运行提供科学的评判数据。

3. 关键技术

由于水工隧洞不同于交通隧道,它不仅要研究围岩的稳定性,而且还要探讨围岩的承载能力,研究围岩、衬砌分担内水压力的问题,从而确保水工隧洞的安全。目前,国内对水工隧洞监测方面的问题已有一定研究,国家相关规范也对水工隧洞的监测提出了相应的要求,而针对施工期水工隧洞监测仪器的安装要点方面的研究不多,有必要对此方面展开相关讨论。我国水利水电工程地下洞室施工中普遍采用新奥法,近20年来,新奥法施工技术在水电、交通、能源等多个领域施工中得到了广泛应用。施工监控测量,又称为原位观测或安全监测,作为新奥法施工中的关键因素之一,在隧洞施工中占有重要的地位,在指导工程设计、确定初期支护参数、选定二次支护的合理时间等方面起着重要作用。在水工隧洞运行期,混凝土或钢管衬砌在高速水流的作用下,衬砌内的应力、应变、渗透压力等性态均会发生一定的变化,运行期围岩性态的变化是否会对洞室稳定造成影响,都是在安全监测工作中所需要关注的问题。长距离输水隧洞工程沿途通常需要布设多个监测断面,由于存在不同的监测目的,监测仪器种类和数量均较多。对百千米级超长输水线路工程而言,即使其单段隧洞间会有明渠、渡槽或倒虹吸等连接,但其单体隧洞长度通常仍在10 km以上。在这些较长的单体隧洞中,往往安装有监测围岩变形、渗透压力、锚杆应力、应变、接缝等项目的传感器,若选用钢弦式、差阻式等常规仪器,受其工作原理的限制,其信号传输距离多在2 km以内。虽然采取一些信号放大措施可以传输更远,但其传输距离仍然有限。所以,采用常规的电测类传感器将大幅度制约长距离隧洞安全监测系统的可靠性,长距离输水隧洞监测工程中较长单体隧洞只能选择光纤传感器,其具有传输距离长、抗电磁干扰、耐水、耐高温、保密性好、速度快、带宽大等优点。但由于光纤传感器施工安装复杂,光纤光栅解调仪价格偏贵,一般只在常规电测类传感器不能满足监测需要时才会选用。常规电测类传感器在单体较短的洞段仍被广泛采用。因此,长距离输水隧洞工程不同洞段往往安装着不同种类的传感器。本着可靠、经济和合理的原则,如何保证多种类型的传感器数据信号的有效采集和稳定传输,已成为超长输水隧洞工程安全监测系统亟待解决的问题。

本书运用黄河勘测规划设计研究院有限公司和中国水利水电科学研究院联合开发的《安全监测数据管理分析系统》软件,对监测数据进行综合分析,为工程安全可靠运行提供科学的评判数据。

#### 1.2.3.2　技术创新点

(1)提出专门适用于长距离输水隧洞的监测手段和方法,提出选型合理、投资节省的布置建议。

(2)对长距离输水隧洞仪器选型及信号传输进行研究,提出投资节省、传输高效的解决方案。

(3)提出专门适用于长距离输水隧洞各类监测仪器的具体安装埋设方法。

#### 1.2.3.3　主要技术指标或经济指标

针对长距离输水隧洞安全监测,提出从设计到实施再到运行的整套解决方案,这对于国内已经开展和即将开展的跨流域调水工程有借鉴和指导意义。另外,对于监测仪器长距离信号传输问题的研究,目前监测行业内部尚无成熟的解决方案,市场潜力较大,研究成果可联合仪器厂家采取转让技术的方式加以推广,从而产生直接经济效益。

# 1.3　主要研究方法及技术路线

## 1.3.1　研究方法

本书拟采用的具体科研方法有文献法、调查法、科学试验法、统计法、综合法、类比法等。通过查阅文献法和行业现状调查法掌握国内外对于长距离输水隧洞安全监测的研究现状;通过科学试验法,对监测仪器长距离信号传输进行试验和研究,提出合理解决方案;对相关安全监测资料采用统计法、综合法、类比法等相关方法进行分析,对工程安全提出合理评价。

## 1.3.2　技术路线

本书研究共分6个阶段,具体技术路线如下:

(1)前期准备阶段。收集国内外关于长距离输水隧洞安全监测方案的相关资料,收集兰州市水源地建设工程相关水工设计资料,查阅相关规程规范。

(2)专项方案设计阶段。根据收集的资料及相关规程规范,提出针对兰州市水源地建设工程的监测方案,并汇总需要研究、解决的问题。

(3)项目实施阶段。兰州市水源地建设工程监测仪器设备采购、率定、安装埋设及资料整理分析。

　　(4)反馈修改阶段。根据项目具体实施过程中遇到的各种实际情况及施工期监测资料整理分析的结果,对原设计方案进行修改完善;根据实际工程实践对方案设计阶段提出的长距离输水隧洞监测仪器信号传输等专项研究课题进行探讨、解决。

　　(5)总结推广阶段。以兰州市水源地建设工程安全监测设计及实施过程中的成果为基础,结合类似工程项目成功经验,加以推广,形成适用于长距离输水隧洞的安全监测方案。

　　(6)项目验收阶段。编制相关报告、验收结题。

# 第 2 章  安全监测设计关键技术研究

## 2.1  静态监测系统

静态监测系统是相对于动态监测系统(振动监测)而言的,是传统的安全监测系统。隧洞安全监测是及时发现隧洞在施工、运行管理过程中可能出现的异常或隐患的重要手段,其目的如下:一是及时发现工程的异常现象或隐患;二是掌握结构的变化规律,指导运行与管理;三是验证设计,检验施工,发展建设理论。

兰州市水源地建设工程输水隧洞主洞全长 40 余 km,平均埋深为 200 m,取水口、分水井、调流调压站等建筑物分散,是典型的线性工程,这与大多数引水隧洞长度在几百米以内的点工程的监测设计思路有显著区别。长距离隧洞监测设计不可能像传统水工工程一样追求密度、精度,永久监测仪器的布置受限,若监测仪器电缆引线过长,存在监测数据误差过大、电缆不易保护等问题。

监测设计首先考虑的问题就是如何既满足整体结构安全,又确保经济可行、技术合理,那么选择具有代表性的监测部位和监测项目是非常重要的。另外,兰州市水源地建设工程需长期运行,仪器的长期稳定和可靠也至关重要。本章以兰州市水源地建设工程为依托,主要研究以下关键问题:

(1)考虑地质围岩条件、建筑物结构应力分布、隧洞进出口等关键部位,进行监测断面布设的研究。

(2)考虑各个监测项目之间相互校核及安全冗余的要求,进行监测项目选择的研究。

(3)考虑隧洞分为有压洞段和无压洞段,监测信息传输距离长、实现自动化等特点,进行仪器选型的研究。

### 2.1.1  监测部位选择

结合本工程输水距离长、埋深大、建筑物多等特点,监测部位的选择应遵循以下原则:

(1)监测部位和项目的选择应以运行期为基础,尽可能兼顾施工期,测点布置应重点控制关键建筑物和输水隧洞的关键部位。

(2)监测项目设置应满足监控建筑物的运行情况、工程结构变化规律的需要,要求有针对性,既突出重点,又兼顾全面。

(3)监测设备的选型,应考虑有压洞段和无压洞段的特点,以及信号传输距离和稳定性,同时也要为运行管理和自动化系统提供方便。

按照上述布置原则、监测目的以及工程建筑物的自身功能,监测部位分为临时监测部分和永久监测部分。

#### 2.1.1.1 临时监测部分

临时监测部分主要是监测施工期竖井、隧洞围岩、道路边坡等的变形情况,确保施工期安全,而在施工完成之后不再进行监测的部分。临时监测服务于工程建设,主要确保工程施工安全,并为设计修改支护结构提供数据。

施工中竖井塔架基础的不均匀变形,施工支洞、主洞的围岩收敛变形,施工道路边坡的变形等对施工期的安全影响较大,故本工程在以下部位设置了临时监测项目:

(1)主洞 1#~4# 竖井井架基础的沉降监测。在井架基础的 4 个角上各布设 1 个沉降观测点,工作基点布设在影响范围外的稳定区域。施工竖井井架不均匀沉降观测点示意图见图 2-1。

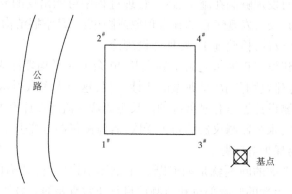

**图 2-1　施工竖井井架不均匀沉降观测点示意图**

(2)1#~6# 施工支洞的围岩收敛变形监测。在拱顶、两侧拱腰部位各布设 1 个测点,采用三点法,布置图见图 2-2。

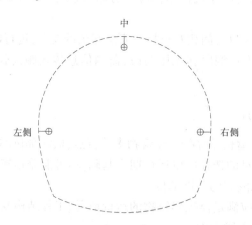

**图 2-2　施工支洞收敛监测点布置示意图**

(3)主洞钻爆段的围岩收敛变形监测。钻爆段采用台阶式开挖且断面相对较小,故在拱顶、两侧拱腰部位各布设 1 个测点,采用三点法,布置图见图 2-3。

(4)9# 施工道路边坡变形监测。由于边坡坡度大、开挖速度快,且坡下道路是重要的施工便道,在边坡开挖外边缘处布设 7 个位移观测点,工作基点布设在对岸的稳定岩体

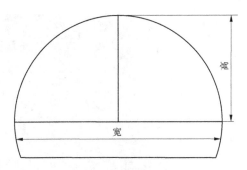

图 2-3　输水主洞收敛观测点布置示意图

上,具体见图 2-4。

　　(5)TBM2 隧洞进口边坡变形监测。边坡高度超过 30 m,坡度接近 90°,该处岩体结构面发育,且是进入 TBM2 隧洞的唯一通道,根据开挖揭露地质情况在边坡上布置变形测点共计 18 个,工作基点布设在 TBM2 广场,具体见图 2-5。

### 2.1.1.2　永久监测部分

　　永久安全监测是及时发现隧洞施工过程中和运行管理过程中可能出现的异常或隐患的重要手段。永久监测部分是兰州市水源地建设工程监测的重点部分,主要是为了预防事故发生,检验设计成果,为检修提供信息和资料。

　　永久监测断面一般分为重点监测断面和辅助监测断面。重点监测断面宜设在采用新技术的洞段、通过不良地质和水文地质的洞段、隧洞线路通过的地表处有重要建筑的洞段,可布置相对全面的监测项目,以便进行多种监测效应量对比分析和综合评价;辅助监测断面一般仅针对性地布置某项或几项监测项目,主要用于监测少量指导施工或对安全评价具有重要意义的物理参数,如收敛变形、锚杆应力等。

　　结合以上原则及兰州市水源地建设工程实际情况,监测断面主要布置在Ⅴ类围岩处、断层带或断层影响带处,并在这些断面上布置各类监测仪器进行综合监测;在取水口建筑物、分水井、调流调压站等建筑物处选取监测断面,以监测其应力应变和变形情况。

　　1. 变形监测

　　隧洞的爆破施工将对洞室围岩产生不同程度的扰动,洞室开挖后,围岩在经历应力重分布的过程中,断层破碎带有可能进入塑性变形受力状态,使附近围岩的位移量增大,继而出现滑移、错动、断裂或较大裂缝开合变形等现象。变形监测的目的是揭示和发现围岩的松动和影响范围、洞室围岩稳定性、支护构造效果,以及各工况条件下洞室结构的变形情况。

　　1)围岩深部变形监测

　　在选定的隧洞主洞监测断面上,隧洞两侧拱墙布设 3 点位移计,监测隧洞围岩深部位移。

　　2)混凝土衬砌与围岩接触缝的监测

　　a.隧洞洞身段

　　在选定的引水隧洞洞身段综合监测断面上,隧洞拱顶、拱角及拱墙 3 个部位的衬砌与围岩接合部各布设 1 套测缝计(集渣坑段拱墙处布设 9 套),以监测洞室衬砌后各工况条件下隧洞衬砌与围岩间接缝开合度变化情况。

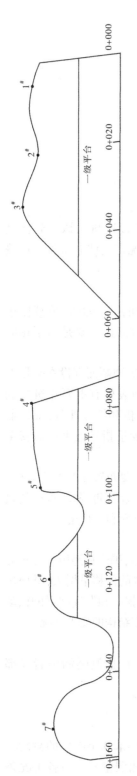

图 2-4　9#施工道路边坡变形监测布置图

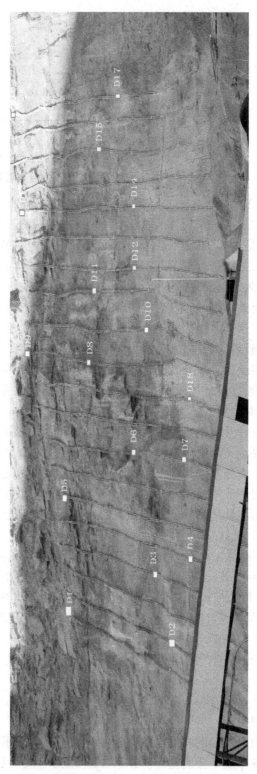

图 2-5　TBM2 隧洞进口边坡变形监测布置图

　　b. 分水井建筑物

　　在分水井沿 1 657 m 高程选 1 个监测横断面,在选定的监测断面上均匀布设 3 套测缝计,以监测各工况条件下井壁与围岩间接缝开合度变化情况。

　　c. 调流调压站

　　在调流调压站沿机组轴线方向选 5 个监测断面,在选定的监测断面上均匀布设 3 套测缝计,以监测各工况条件下建筑物与围岩间接缝开合度变化情况。

　　d. 挠度监测

　　分水井高 118 m,且为地上建筑物,考虑到其结构安全对工程尤其重要,在分水井井壁内布设 1 套固定测斜装置,采用的固定测斜仪为双向测斜,沿高程每 2 m 布设 1 支,以监测其挠度变化。

　　e. 沉降监测

　　在调流调压站布设 18 个沉降标点,以监测建筑物的整体沉降情况。水准工作基点组布置在开挖影响范围外的稳定基岩处。

　　2. 渗透压力监测

　　1) 隧洞洞身段

　　在选定的引水隧洞洞身段监测断面上,每个断面各布设 4 支渗压计,分别安装在拱顶、两侧拱墙和仰拱(底板)部位,监测各工况条件下隧洞外围岩渗透压力的变化情况。

　　2) 高位取水口闸室

　　在高位取水口闸室沿 1 760 m、1 739 m、1 709 m 高程各布设 1 个监测横断面,在选定的监测断面上,闸室侧墙与围岩接触部位各布设 4 支渗压计,以监测闸室外围岩的渗透压力。

　　3) 分水井建筑物

　　在分水井沿 1 725 m、1 710 m、1 692 m、1 657 m 高程处各选 1 个监测横断面及建基面,在选定的监测断面及建基面上共布设 22 支渗压计,以监测各工况条件下井壁的外水压力情况。

　　4) 调流调压站

　　在调流调压站沿机组轴线方向选 5 个监测断面,在选定的监测断面上均匀布设 3 支渗压计,以监测各工况条件下建筑物所承受的外水压力情况。

　　3. 应力应变监测

　　1) 围岩支护的锚杆应力监测

　　所选综合监测断面处围岩均采用了喷锚支护处理,为监测支护效果,在隧洞洞身段、高低位取水口闸室、分水井井壁、调流调压站选择监测断面对锚杆应力进行监测。

　　隧洞洞身段一般监测断面在两侧拱墙部位各布设 1 支锚杆测力计,共计布设 2 支;隧洞洞身段重点监测断面在拱顶、两侧拱墙部位各布设 1 支锚杆测力计,共计布设 5 支;高位取水口闸室处监测断面在拱顶、侧墙处共布设 5 支锚杆测力计;分水井在 1 657 m 高程监测断面处共布设 5 支锚杆测力计。

　　2) 衬砌混凝土的应力应变监测

　　根据计算结果,在隧洞洞身段、高低位取水口闸室、分水井、调流调压站选监测断面对其应力应变进行监测。

隧洞洞身段监测断面的拱顶、拱角、拱墙及仰拱的 6 个部位布设相应的钢筋计、混凝土应变计和无应力计;高位取水口在其闸室基础和侧墙处布设相应的钢筋计、混凝土应变计和无应力计;在分水井基础和井壁处布设相应的钢筋计、混凝土应变计和无应力计;在TBM 管片 T11+700、T24+300、T24+600 布设相应的混凝土应变计和钢筋计以监测相应结构的应力应变变化。

3) 围岩压力监测

为监测围岩对衬砌结构的压力,在隧洞钻爆段综合监测断面上布设 5 支土压力计(集渣坑段布设 3 支);在分水井基础和井壁以及调流调压站基础布设相应的土压力计。

综上所述,考虑地质条件、建筑物结构应力、隧洞进出口部位等因素,共布设监测断面55 个,具体见表 2-1、表 2-2。

表 2-1　监测断面布设统计

| 序号 | 工程部位 | 监测断面数量/个 |
|---|---|---|
| 1 | 取水口工程 | 6 |
| 2 | 主洞钻爆段 | 8 |
| 3 | 主洞 TBM 段 | 13 |
| 4 | 分水井工程 | 9 |
| 5 | 调流调压站工程 | 5 |
| 6 | 主洞钢管段 | 1 |
| 7 | 芦家坪支线隧洞 | 3 |
| 8 | 彭家坪支线隧洞 | 10 |
| 合计 | | 55 |

表 2-2　监测断面布设明细

| 序号 | 监测断面 | 电缆引设位置 |
|---|---|---|
| | | 取水口竖井控制室 |
| 1 | GW0-116 | ↑ |
| 2 | DW0-094 | ↑ |
| 3 | GW0+116 与 DW0-004 交叉段 | ↑ |
| 4 | 1 760 m 高程 | ↑ |
| 5 | 1 739 m 高程 | ↑ |
| 6 | 1 709 m 高程 | ↑ |

**续表 2-2**

| 序号 | 监测断面 | 电缆引设位置 |
| --- | --- | --- |
| 7 | T0+000 | ↑ |
| | | 1#支洞洞口 |
| 8 | T1+000 | ↑ |
| 9 | T2+100 | 2#支洞洞口 |
| | | 3#支洞洞口 |
| 10 | T3+000 | ↑ |
| 11 | T3+900 | |
| | | 4#支洞洞口 |
| 12 | T4+450 | ↑ |
| 13 | T5+100 | ↑ |
| 14 | T5+750 | ↑ |
| | | 接触带洞口 |
| 15 | T11+200 | ↑ |
| 16 | T11+700 | ↑ |
| 17 | T12+300 | ↑ |
| | | 通气井洞口 |
| 18 | T15+600 | ↑ |
| 19 | T16+320 | ↑ |
| 20 | T16+950 | ↑ |
| | | F3 处理竖井洞口 |
| 21 | T24+000 | ↑ |
| 22 | T24+500 | ↑ |
| 23 | T24+300 | ↑ |
| 24 | T24+600 | ↑ |
| | | 调流调压站控制室 |
| 25 | P0+500 | ↑ |
| 26 | P1+000 | ↑ |
| 27 | P2+000 | ↑ |
| 28 | P3+000 | ↑ |
| 29 | P4+000 | ↑ |
| 30 | P5+200 | ↑ |

续表 2-2

| 序号 | 监测断面 | 电缆引设位置 |
|---|---|---|
| 31 | P6+200 | ↑ |
| 32 | P7+200 | ↑ |
| 33 | P8+000 | ↑ |
| 34 | P8+500 | ↑ |
| 35 | 分水井 | 分水井观测房 |
| | | ↑ |
| 36 | T31+139 | ↑ |
| 37 | L0+020 | ↑ |
| 38 | L0+411.6 | ↑ |
| 39 | L1+011.6 | ↑ |
| 40 | 调流调压站厂横 0+46~0-14 | 调流调压站控制室 |

注:↑表示电缆的引设方向。

## 2.1.2 监测关键项目选择

传统的隧洞监测理论认为:由于存在地应力,在隧洞开挖时,围岩将发生应力重分布,洞壁变形剧烈,因此一般只进行变形监测与应力监测。传统的监测理论只适用于施工期。隧洞运行期间,围岩与衬砌共同承担外部荷载,围岩的作用相对来讲已降低,而其他作用就开始显示出来,比如温度、衬砌内外水压等。除监测衬砌的位移外,环境温度、衬砌外水压力、隧洞通水时的水位、衬砌表面的裂缝等都需要进行观测。因此,施工期和运行管理期的隧洞安全监测系统项目布设要全面,以便能相互验证分析。本工程以运行管理期为监测重点,兼顾施工期,布设如下监测关键项目。

### 2.1.2.1 围岩变形

隧洞围岩变形包括围岩收敛和深部变形,为便于数据分析,宜布设在同一监测断面。

1. 收敛变形监测

隧洞断面收敛变形监测是施工期围岩稳定的主要监测手段,监测断面应尽量接近掌子面,一般不宜大于 1.0 m,监测断面间距一般在 50~100 m,但是对于一些特殊地段,监测断面应适当加密。根据隧洞的阶梯形施工特点及洞径,本工程采用三点三线式布设收敛点。

2. 深部变形监测

深部变形监测主要监测围岩松动范围。本工程采用三点位移计进行深部变形监测。

### 2.1.2.2 围岩支护结构监测

本工程隧洞采取的支护结构主要有喷锚支护、钢筋混凝土支护、钢衬支护。相关监测项目如下。

1. 锚杆应力监测

锚杆应力监测主要监测锚杆轴向应力,直接布置在支护锚杆上,测点布置与监测断面布置一致。

2. 钢筋混凝土衬砌结构监测

钢筋混凝土衬砌结构监测主要采用钢筋计、应变计、测缝计及渗压计,对衬砌结构应力应变、衬砌与围岩接缝开合度和衬砌围岩部位的渗透压力进行监测,选择监测断面集中布置。对于湿陷性黄土洞段,应重点监测渗透压力。

3. 钢衬结构监测

监测压力钢管应变采用钢板计,与相应监测断面布置一致。

### 2.1.2.3　渗透压力监测

监测渗透压力大小及分布情况,在围岩内钻孔埋设渗压计,布置在具有代表性的监测断面。

### 2.1.2.4　建筑物结构监测

1. 应力应变监测

监测建筑物结构的应力应变,监测断面布置在结构应力复杂的部位。

2. 挠度监测

监测分水井井壁的挠度采用固定测斜仪。

监测项目典型断面布置图见图 2-6。

## 2.1.3　监测设备的选型

兰州市水源地建设工程大部分为地下工程,隧洞安全至关重要,监测仪器在高水头、强锈蚀、强氧化、长距离的隧洞中工作,工作环境比较恶劣,要求隧洞监测仪器具备以下特征:

(1)精确性。监测数据是为了分析隧洞性态,评估隧洞施工和运行安全,若仪器的精确度达不到要求,隧洞性态的变化(表现为测值变幅)就会掩盖在监测误差之中。

(2)长期稳定性。兰州市水源地建设工程是百年大计工程,为了准确掌握隧洞工作特性,监测仪器的长期稳定性必须得到保证。

(3)环境适应性。隧洞环境的恶劣性(包括温度、氧化、锈蚀、沉淀物、微生物等因素)加重了对仪器长期稳定性的要求,因此监测仪器适应潮湿环境的性能也非常重要。

(4)长距离传输可靠性。由于施工条件限制,隧洞监测仪器只能从竖井或施工支洞处集中引出,信号传输距离长达几千米,这就要求仪器信号长距离传输稳定可靠。

(5)兼容性。兰州市水源地建设工程将实现自动化在线监测,必须考虑监测仪器的兼容性,信号采集、处理、传输等有关问题。

为保证所埋设的监测仪器、设备能够稳定可靠运行,使其真正起到工程"耳目"的作用,所选仪器设备应具备多个类似水利工程成功运行的实践经验,且是公认的成熟可靠的国内外知名品牌。目前,监测设备的类型很多,有振弦式、差动电阻式、电容式、压阻式等,以及近年来发展起来的光纤光栅监测设备。差动电阻式、电容式、压阻式等种类仪器的缺点是精度低、受外界影响大、内部结构复杂(经常把电路制作在传感器内部)、耐久性差;优点是价格便宜,应用历史悠久,有成型的应用模式。振弦式仪器和光纤光栅传感器的原理和特点如下。

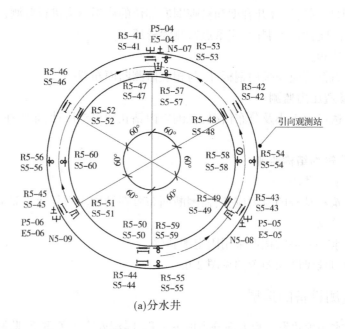

(a)分水井

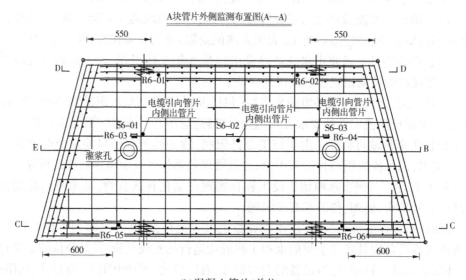

(b)混凝土管片(单位:mm)

图 2-6　典型监测断面布置图

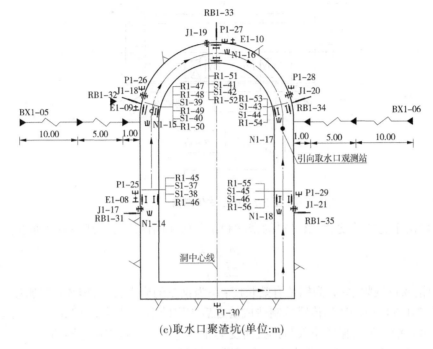

(c)取水口聚渣坑(单位:m)

T3+900.000监测断面图

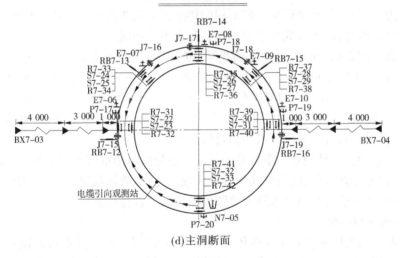

(d)主洞断面

续图 2-6

### 2.1.3.1　振弦式仪器

　　振弦式传感器由受力弹性外壳、钢弦、坚固夹头、激振线圈和接收线圈等组成(见图 2-7)。钢弦常用高弹性弹簧钢、马氏不锈钢或钨钢制成,传感器由受力部件连接固定,利用钢弦的自振频率与钢弦所受到的外加张力关系式测得各种物理量,钢弦经过热处理之后其蠕变极小,零点稳定。振弦式传感器所测定的参数主要是钢弦的自振频率。

　　振弦式仪器是根据钢弦张紧力与谐振频率成单值函数关系设计而成的。由于钢弦的

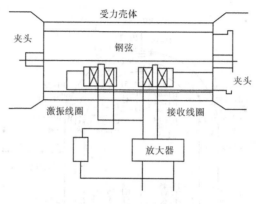

**图 2-7　振弦式传感器**

自振频率取决于它的长度、钢弦材料的密度和钢弦所受的内应力。其关系式如下：

$$f = \frac{1}{2L}\sqrt{\frac{\sigma}{\rho}}$$ 　　　　　　　　（2-1）

式中：$f$ 为钢弦自振频率；$L$ 为钢弦有效长度；$\sigma$ 为钢弦的应力；$\rho$ 为钢弦材料密度。

　　由式（2-1）可以看出，当传感器制造成功之后所用的钢弦材料和钢弦的直径有效长度均为不变量。钢弦的自振频率仅与钢弦所受的张力有关。振弦式传感器的张力与频率的关系为二次函数，频率平方与张力为一次函数。仪器的结构不同，张力可以变换为位移、压力、压强、应力、应变等各种物理量。但不同的传感器中钢弦的长度、材料的线性度很难加工得完全一样。因此，修正常数对于每只传感器也不尽相同。

　　振弦式传感器的激振一般由一个电磁线圈（通常称磁芯）来完成。经过把各类物理量转换为拉（或压）力作用在钢弦上，改变钢弦所受的张力，在磁芯的激发下，使钢弦的自振频率随张力的变化而变化。通过频率的变化可以换算出被测物理量的变化值。振弦式传感器利用电磁线圈铜导线的电阻值随温度变化的特性可以进行温度测量，也可在传感器内设置可监测温度的元件，同样可以达到目的。

　　振弦式传感器的优点是钢弦频率信号的传输不受导线电阻的影响，测量距离比较远，仪器灵敏度高，稳定性好，在线监测自动化容易实现，且技术成熟稳定，在多个大型工程中成功应用，是本书涉及的长距离引水隧洞监测仪器选型的首选仪器。

### 2.1.3.2　光纤光栅传感器

　　光纤传感器就是利用光纤对光纤内传输的光波参量进行调制，并对被调制过的光波信号进行解调检测，从而获得待测量值的一种装置。按照光纤在传感器中所起的作用，光纤传感器一般可分为两大类，即功能型和非功能型。

　　功能型光纤传感器利用光纤本身的特征把光纤直接作为敏感元件，既感知信息，又传输信息。功能型光纤传感器有时又称为传感型光纤传感器，或称全光纤传感器或者分布式光纤。

　　光栅是在一块长条形的光学玻璃上均匀地刻上许多与运动方向垂直的线条，两块光栅的刻线密度相等，即栅距相等，使产生的莫尔纹的方向与光栅刻线方向大致垂直。只要读出移过莫尔条纹的数目，就可知道光栅移过了多少个栅距，而栅距在制造光栅时是已知的,所以光栅的移动距离就可以通过光电检测系统对移过的莫尔条纹数进行计数、处理后自动测量出来。

　　光纤光栅传感系统主要由宽带光源、光纤光栅传感器、信号解调等组成。宽带光源为系统提供光能量,光纤光栅传感器利用光源的光波感应外界被测量的信息,外界被测量的信息通过信号解调系统实时地反映出来。

　　光纤光栅主要分两大类:一是 Bragg 光栅(也称为反射光栅或短周期光栅);二是透射光栅(也称为长周期光栅)。

　　当光波传输通过光纤光栅传感器(FBG)时,满足 Bragg 条件的光波将被反射回来,这样入射光就分成透射光和反射光。FBG 的反射波长或透射波长取决于反向耦合模的有效折射率和光栅周期,任何使这两个参量发生改变的物理过程都将引起光栅 Bragg 波长的漂移,测量此漂移量就可直接或间接地感知外界物理量的变化。

　　理论上只要测到两组波长变化量就可同时计算出应变和温度的变化量。对于其他的一些物理量,如加速度、振动、浓度、液位、电流、电压等,都可以设法转换成温度或应力的变化,从而实现测量。

### 2.1.3.3　本工程选用仪器

　　鉴于上述原则、各类仪器的原理、信号传输距离限制等,主洞有压洞段及建筑物内布设的监测仪器采用振弦式仪器,该类仪器结构简单、携带方便,测值稳定、精确,能够克服恶劣的地下施工环境,且信号传输为频率信号,基本不受电阻的影响,信号在 2 km 内传输时效果非常好。振弦式仪器见图 2-8。

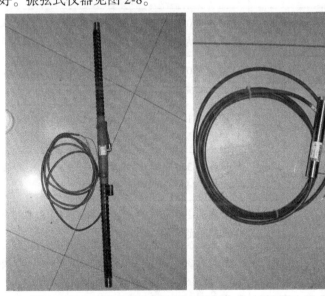

**图 2-8　振弦式仪器**

　　在彭家坪支线无压洞段,由于传输距离长,最长达到 8.5 km 左右,传统的差阻式和振弦式仪器无法满足信号传输要求,光纤光栅式仪器信号的传输距离长达十几千米甚至几百千米,且该类仪器技术已经成熟,单价相对较低,后期实现自动化方便,是未来仪器发展的方向,故该段采用光纤光栅式仪器。光纤光栅式仪器见图 2-9。

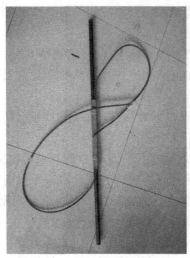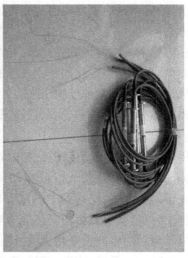

图 2-9　光纤光栅式仪器

本工程选用的主要监测仪器指标见表 2-3。

表 2-3　主要仪器设备选型及技术指标一览表

| 序号 | 仪器名称 | 仪器型号 | 技术指标 |
|---|---|---|---|
| 1 | 渗压计 | BGK4500S | 量程范围为 0.35~2.0 MPa,灵敏度为 0.025%F·S,非线性度≤0.1%F·S,温度范围为-20~60 ℃ |
| 2 | 渗压计 | BGK-FBG-4500S | 量程为 0.35 MPa,灵敏度为 0.1%F·S,精度≤0.1%F·S,温度范围为-30~80 ℃ |
| 3 | 土压力计 | BGK-4810 | 量程为 0.7~2.0 MPa,灵敏度为 0.04%F·S,非线性度不超过±0.1%F·S,温度测量范围为-20~80 ℃ |
| 4 | 土压力计 | BGK-FBG-4810T | 量程为 1 MPa,灵敏度为 0.1%F·S,精度≤1.0%F·S,温度测量范围为-30~80 ℃ |
| 5 | 钢筋计 | BGK-4911 | 量程为 300 MPa,灵敏度为 0.07%F·S,非线性度不超过±0.5%F·S,温度测量范围为-20~80 ℃ |
| 6 | 钢筋计 | BGK-FBG-4911 | 量程为 200 MPa,灵敏度为 0.1%F·S,精度≤1.0%F·S,温度测量范围为-30~80 ℃ |
| 7 | 锚杆测力计 | BGK-4911 | 量程为 300 MPa,灵敏度为 0.07%F·S,非线性度不超过±0.5%F·S,温度测量范围为-20~80 ℃ |
| 8 | 锚杆测力计 | BGK-FBG-4911 | 量程为 200 MPa,灵敏度为 0.1%F·S,精度≤1.0%F·S,温度测量范围为-30~80 ℃ |
| 9 | 应变计 | BGK-4200 | 量程为 3 000 με,灵敏度为 1 με,精度为±0.1%F·S,温度测量范围为-20~80 ℃ |

续表 2-3

| 序号 | 仪器名称 | 仪器型号 | 技术指标 |
|------|----------|----------|----------|
| 10 | 应变计 | BGK-FBG-4200T | 量程为−1 500~1 500 με,精度≤1.0%F·S,灵敏度为0.1%F·S,温度测量范围为−30~80 ℃ |
| 11 | 无应力计 | BGK-4200 | 量程为3 000 με,灵敏度为1 με,精度为±0.1%F·S,温度测量范围为−20~80 ℃ |
| 12 | 无应力计 | BGK-FBG-4200T | 量程为−1 500~1 500 με,精度≤1.0%F·S,灵敏度为0.1%F·S,温度测量范围为−30~80 ℃ |
| 13 | 测缝计 | BGK4400HP | 量程为0~50 m,非线性度≤0.1%F·S,灵敏度为0.025%F·S,温度测量范围为−20~80 ℃ |
| 14 | 位移计 | BGK4450 | 量程为100 mm,灵敏度为0.025%F·S,精度为±0.1%F·S,非线性度<0.5%F·S,温度范围为−20~80 ℃ |
| 15 | 测斜仪 | BGK6150-2 | 量程为15°,灵敏度<10 弧秒,精度为±0.1%F·S,温度测量范围为−20~80 ℃ |
| 16 | 钢板计 | BGK4000 | 量程为3 000 με,灵敏度为1 με,精度为±0.1%F·S,温度测量范围为−20~80 ℃ |

## 2.1.4 监测电缆的引设

长距离引水隧洞监测电缆的引设非常重要,合理的电缆引设方案不仅能节省工程投资,还能减少施工干扰、提高仪器埋设质量。本工程结合有压洞段和无压洞段对电缆引设做了专门设计。

### 2.1.4.1 有压洞段电缆引设

有压洞段隧洞内长期承受的水压力在 1 MPa 左右,若布设明线,即电缆直接暴露在水中引设,电缆尤其是电缆接头的长期稳定无法保证,一旦电缆失效(在隧洞内已无法检修),监测仪器将失效。

另外,前文已经介绍,有压洞段采用仪器为振弦式仪器,其电缆信号传输超过 2 km 后效果较差,为保证电缆的传输效果最好,每支传感器的电缆传输距离不宜超过 2 km。

因此,在有压洞段进行电缆引设设计时应充分利用临时(或永久)施工竖井、支洞,以及沿线建筑物,综合考虑现场条件,使电缆引设距离最短。

### 2.1.4.2 无压洞段光缆引设

主洞水流经调流调压站(厂房)后进入彭家坪支线隧洞后变为无压流,彭家坪支线长约 10 km,为无压洞,该段采用光纤光栅式仪器,须采用光缆进行信号传输。

由于该段为无压洞,水面线距洞顶有 30~40 cm 的空间,为明敷电缆提供了条件,该洞段光缆采用拱顶搭设线架的方式整体引设,以隧洞中间的马尔山沟为节点,分别向两端引出。

### 2.1.4.3 多芯电缆/光缆的采用

大部分振弦式传感器自带 4 芯监测专用电缆,光栅光纤式传感器自带单芯光缆,传统的敷设模式是:仪器安装后每支传感器外接 4 芯监测电缆(光纤光栅式外接单芯单模光缆),一直接到观测站。这种方式,每支传感器对应一根电缆(光缆),引设简单,电缆与电缆之间没有交叉,便于保护;但是电缆需求量巨大,成本高、工作量大,不适合电缆需求量大的工程,尤其是长距离输水隧洞工程。

对于本工程采用振弦式仪器的部分,以监测断面为单位,在断面内仪器电缆引设采用外接 4 芯电缆的方式,在仪器电缆断面集中后引向观测站的过程中采用 24 芯专用电缆,这样断面内的 6 支仪器仅需外接一根 24 芯电缆,不仅大幅降低的电缆的使用量和造价,也降低了电缆保护管的造价。

对于本工程采用光纤光栅式仪器的部分,以监测断面为单位,由于光纤光栅式仪器可以进行串联,断面内一支或多支仪器采用单芯光缆串联后集中引出,在断面内集中引出后引向观测站的过程中采用 12 芯主光缆,这样断面内 22 支仪器仅需外接一根 12 芯主光缆就可完成信号传输工作,同时大幅降低了光缆和保护管的造价。具体接连方式见图 2-10。

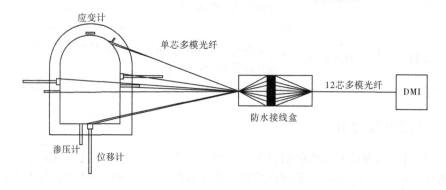

**图 2-10　电缆/光缆连接示意图**

# 2.2　动态监测系统

动态监测系统主要指水下岩塞专项爆破监测。在兰州市水源地建设工程中,动态监测系统主要指取水口岩塞爆破振动对建筑物、地表边坡的影响,以及爆破振动传播规律的监测,以监测质点振动速度为主,质点振动加速度为辅,同时考虑建筑物的动应变、爆破水中冲击波、洞内水下摄影等项目。

水下岩塞爆破是一项技术复杂、施工难度大的高风险水下爆破工程,本工程采用洞内排孔爆破方案,控制的最大单响药量为 200 kg,要求一次爆破成功。如何准确采集到爆破全过程的振动数据对于评价建筑物安全及验证设计至关重要。

　　另外,岩塞爆破时必须确保周围建筑物的安全,同时不应对进水口边坡及永久结构造成不利影响。鉴于此,本节主要研究内容如下:

　　(1)衬砌混凝土结构动态监测。

　　(2)大地振动影响监测。

　　(3)水中冲击波监测。

　　(4)洞内(水下)摄影。

　　(5)岩塞爆破过程表象观测。

　　岩塞爆破期间,在岩塞口周边地面上布设 1 套高速摄影设备和 3 套高清摄影设备,以此观测岩塞爆破的表面现象。

## 2.2.1　混凝土结构动态监测

　　岩塞爆破共分 25 响,最长持续时间约为 597 ms,单响最大装药量约为 58.48 kg,爆破持续时间较短,爆破过程中结构应力应变性态受爆破的影响程度将直接关系到取水口建筑物的稳定性。在爆破过程中连续采集建筑物的应力应变数据,对于明晰爆破过程中建筑物结构应力性态、综合评判岩塞爆破对取水口建筑物稳定性的影响起着重要作用。

　　基于此,为采集在极短的爆破持续时间过程中取水口建筑物结构应力应变数据,经综合比较,采用动态采集模块和已安装埋设的应力应变监测设备组成动态采集系统,对取水口建筑物结构应力应变进行爆破过程中的动态数据采集。该采集系统为采集频率为 0 ~ 333.3 Hz,实现真正意义上的动态数据采集,同时采用频谱插值的方法,提供比时域周期平均方法更高的抗噪声能力和测量精度,保证在岩塞爆破过程中取水口结构动态监测的效果。

## 2.2.2　振动监测

　　取水口岩塞爆破过程中的振动监测是指通过布置振动速度传感器对振动过程中的取水口质点振动速度进行采集。振动监测主包括取水口建筑物振动监测、衬砌混凝土振动监测、大地振动影响监测、桥梁和民房等已有建筑物振动影响监测。

### 2.2.2.1　取水口建筑物振动监测

　　基于工程实际,并结合布设在结构内的测点布置情况进行岩塞爆破的振动测点布置。选取 1 700 m、1 760 m 及 1 803 m 3 个高程部位作为取水口建筑物振动监测断面,在监测断面安装振动速度测点,与原有的结构内监测点共同对岩塞爆破过程中的取水口工程性态实施监测。

### 2.2.2.2　衬砌混凝土振动监测

　　结合布设在取水口上游段衬砌结构中的测点布置情况进行岩塞爆破过程中衬砌混凝土的振动监测,选取 GW0-116.060 断面、GW0-094.560 断面、GW0-064.560 断面及 GW0-015.560 断面作为取水口上游段振动监测断面,在监测断面安装振动速度测点,与原有的结构内监测点共同对岩塞爆破过程中的衬砌混凝土性态实施监测。

#### 2.2.2.3 大地振动影响监测

为评判岩塞爆破中大地振动情况,在洞室轴线的外部坡体布设 3 个振动测点,监测岩塞口附近的坡体质点振动速度情况。

#### 2.2.2.4 已有建筑物振动影响监测

##### 1.桥梁振动影响监测

为充分把握取水口岩塞爆破对周边建筑物的影响情况,特在距离岩塞爆破点约 400 m 处的祁家黄河大桥(见图 2-11)桥墩处布设 1 个振动速度测点,监测大桥的振动影响。

图 2-11 祁家黄河大桥

##### 2.民房振动影响监测

为明晰取水口岩塞爆破对周边民房的影响情况,特在距离岩塞爆破点约 400 m 处的信汇生态酒店(见图 2-12)处布设 1 个振动速度测点,监测民房的振动影响。

图 2-12 信汇生态酒店

### 2.2.3 水中冲击波监测

共布置 5 个水中冲击波观测点进行观测,测点均使用浮桶漂浮,传感器安装于浮桶下方支架末端,支架末端位于水下 1.5 m 左右,浮桶再使用铁丝固定同一条绳上,防止离开测点位置。

### 2.2.3.1　监测仪器选型

爆破冲击波的监测需要高速采样系统对信号进行收集与处理,本工程采用 L20-P 爆破冲击波监测仪进行监测,该仪器采用多核高速处理器,提供 2 通道、20 Msps 的并行数据采集,用于评定爆破(爆炸)诱发的空气和水中冲击波对邻近水域的超压情况。

性能指标如下:

(1)通道:2 个通道,标配空气冲击波传感器(选配水下冲击波传感器)。

(2)量程:可选量程 1 MPa、2 MPa、5 MPa、10 MPa。

(3)精度:±5%。

(4)时间精度:0.000 000 5 ms(20 Msps)。

波形记录情况如下:

(1)记录模式:手动、单次、循环。

(2)采样率:1 Msps、2 Msps、5 Msps、10 Msps、20 Msps。

触发电平:1%~100%,多挡可设。

记录停止:固定记录时长。

记录时长:0.5 s、1 s、2 s、3 s、4 s。

负延时:10 ms。

物理参数如下:

(1)尺寸:175 mm×108 mm×72 mm。

(2)重量:1.28 kg。

(3)显示:3.5 寸 LCD 屏,特征值、波形图显示。

(4)电池:7.4 V 锂电池,连续工作 3 d。

(5)按键:6 个触控按键。

(6)输出接口:USB2.0 接口和 Rj45 网口。

(7)使用环境:-30~75 ℃,90% RH。

(8)防护等级:IP57。

(9)质保:质保期 3 年。

### 2.2.3.2　监测仪器的安装要求

(1)在检测点水面下方 80 cm 处布设冲击波观测点。

(2)每个观测点使用浮漂置于水面,浮漂上应用支架固定传感器,支架立于浮漂下方固定(见图 2-13)。

(3)各个观测点传感器感应部位指向爆源方向。

(4)各观测点线缆统一拉入岸边观测站,岸边观测站设在岩塞爆破安全范围内,在保证采集质量的同时,确保安全。

## 2.2.4　邻近边坡监测

为明确岩塞爆破对岩塞附近边坡稳定影响情况,在保证安全的前提下,在洞轴线上方一级、二级马路上埋设沉降标点,工作基点选在岩体稳定且受外界干扰较小的地方,爆破前后在沉降标点进行水准测量,明确岩塞爆破前后边坡及路面的沉降情况。取水口沉降

图 2-13　爆破冲击波传感器安装

观测采用二等水准施测,水准仪采用拓普康生产的 DL-502 型电子水准仪(见图 2-14),测量方法采用几何水准支线测量。沿取水口轴线在上、下两层公路上布设沉降标点(见图 2-15):上层布设 3 个沉降标点,LD2 在取水口轴线上,LD1 和 LD3 分别布设在取水口轴线左右两侧 20 m 处;下层布设 5 个沉降标点,LD6 在取水口轴线上,LD5 和 LD7 分别在取水口轴线左右两侧 10 m 处,LD4 和 LD8 分别在取水口轴线左右两侧 30 m 处,共计布设测点 8 个,工作基点 2 个。

图 2-14　DL-502 型电子水准仪沉降观测

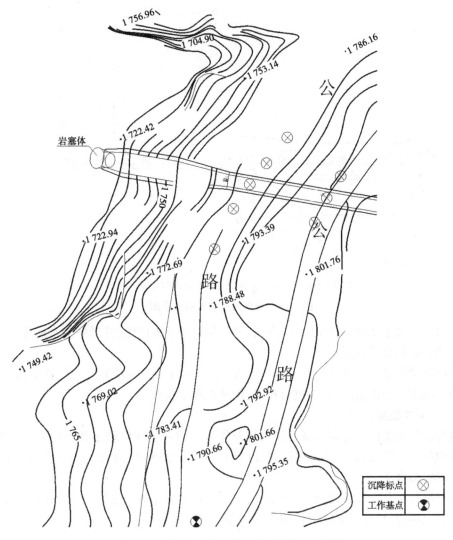

图 2-15 取水口岩塞爆破沉降监测点布置图

## 2.2.5 岩塞爆破摄影

为综合把控岩塞爆破过程中取水口建筑物稳定性态,明晰岩塞爆破时隧洞内情况,特采用洞内摄影和洞外摄影相结合的综合摄影系统对岩塞爆破时洞内及洞外情况进行摄像。

### 2.2.5.1 洞内爆破摄影

基于工程实际情况,为保证视频效果和作业安全,取水口上游段摄像头均采用专业400 万像素高清防爆摄像头,并配备光源,摄像头共布设 4 个,即上游段布设 3 个摄像头,取水口竖井下方拟布设 1 个摄像头(见图 2-16)。

摄像头安装位置应高于充水线,以不受充水影响为前提。竖井内摄像头视频信号传输采用光纤方式,以保证视频采集质量。

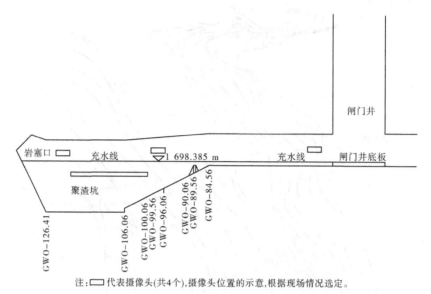

注：□代表摄像头(共4个),摄像头位置的示意,根据现场情况选定。

图 2-16　洞内摄像头安装示意图

电源供电采用 220 V 转 12 V 的方式,每个摄像头单独供电,并做好防水措施,建筑物内信号线和电源线做好保护。

洞内视频信号经光纤传输至取水口上部,最后通过无线网桥的方式传输至接收项目部。项目部配备专用监控器,以进行摄录,保证视频呈现效果。

#### 2.2.5.2　洞外视频监测

洞外表象采集是从外部岩塞对岸边坡及邻近边坡对岩塞爆破过程进行视频采集的。为保证视频采集质量,捕获岩塞爆破过程画面,洞外表象视频采集采用 400 万像素无线高清高速球机摄像头。

球机摄像头共布设 3 套,经现场踏勘,分别布设于岩塞对岸边坡和邻近边坡。摄像头进行无线组网,最后通过无线网桥的方式传输至视频服务器。

### 2.2.6　爆破效果评价

#### 2.2.6.1　爆破进程中安全评价

为评价爆破对取水口建筑物、地表边坡安全的影响,以及整个爆破过程中振动影响的情况,在取水口上游控制段、取水口建筑物、地表边坡布设多个振动监测点,其中上游控制段内个别监测点布设与静态监测断面相一致,以便于相互验证。

取水口岩塞爆破对建筑物的安全影响可结合爆破振动、取水口结构自身、边坡沉降及巡视等综合判定。

为保证建筑物的安全运行,施工爆破振动强度应控制在一定临界值内。若超过此临界值,就可能引起建筑物或边坡的破坏,这个爆破振动强度临界值称为爆破振动判据。根据《水电水利工程爆破安全监测规程》(DL/T 5333—2021)规定,评价各种爆破对不同类型建(构)筑物和其他保护对象的振动影响,应采用不同的安全判据和允许标准。地面建筑物的爆破振动判据,采用保护对象所在地质点峰值振动速度和主振频率;水工隧道、交通隧道、矿山巷道、电站(厂)中心控制室设备、新浇大体积混凝土的爆破振动判据,采用保护对象所在地质点峰值振动速度。爆破振动安全允许标准如表2-4所示。

表2-4 爆破振动安全允许标准

| 序号 | 保护对象类别 | | 安全允许振速/(cm/s) | | |
|---|---|---|---|---|---|
| | | | <10 Hz | 10~50 Hz | 50~100 Hz |
| 1 | 一般砖房、非抗震的大型砌块建筑物 | | 2.0~2.5 | 2.3~2.8 | 2.7~3.0 |
| 2 | 钢筋混凝土结构房屋 | | 3.0~4.0 | 3.5~4.5 | 4.2~5.0 |
| 3 | 一般古建筑与古迹 | | 0.1~0.3 | 0.2~0.4 | 0.3~0.5 |
| 4 | 水工隧洞 | | 7~15 | | |
| 5 | 交通隧洞 | | 10~20 | | |
| 6 | 水电站及发电厂中心控制室设备 | | 0.5 | | |
| 7 | 新浇大体积混凝土/d | 初凝~3 | 2.0~3.0 | | |
| | | 3~7 | 3.0~7.0 | | |
| | | 7~28 | 7.0~12.0 | | |

注:1. 表列频率为主频率,指最大振幅所对应波的频率。

   2. 频率范围可根据类似工程或现场实测波形选取。选取频率时亦可参考下列数据:洞室爆破为小于20 Hz;深孔爆破为10~60 Hz;浅孔爆破为40~100 Hz。

   3. 选取建筑物安全允许振速时,应综合考虑建筑物的重要性、建筑物质量、新旧程度、自振频率、地基条件等因素。

   4. 省级以上(含省级)重点保护古建筑与古迹的安全允许振速,应经专家论证选取,并报相应文物管理部门批准。

   5. 选取隧道、巷道安全允许振速时,应综合考虑构筑物的重要性、围岩状况、断面大小、深埋大小、爆源方向、地震振动频率等因素。

   6. 非挡水新浇大体积混凝土的安全允许振速,可按本表给出的上限选取。

### 2.2.6.2 爆通效果评价

基于兰州市水源地取水口岩塞爆破的工程实际,取水口岩塞爆破水下监测项目包括以下内容:

(1)岩塞体爆破是否完全爆通。

(2)岩塞口产状。

(3)爆破后岩塞口周边岩石稳定情况。

(4)岩塞口附近周边洞壁完整情况及聚渣坑内情况。

(5)闸门井内水域及结构情况。

(6)闸门井至拦污栅段爆渣堆积情况。

# 第 3 章　静态监测实施关键技术研究

## 3.1　仪器现场检验率定

　　监测仪器大多在隐蔽的工作环境下长期运行。仪器一旦安装埋设,一般无法再进行检修和更换。因此,监测设备在进场开箱检验后,安装埋设前,须进行现场检验,以检验仪器各项参数的稳定性与可靠性。根据资料,目前需要进行现场检验的项目包括非线性度、滞后、不重复度、仪器系数和温度性能。检验和率定的主要任务如下:

　　(1)校核仪器出厂参数的可靠性。

　　(2)检验仪器工作的稳定性,以保证仪器性能长期稳定。

　　(3)检验仪器在搬运过程中是否损坏。

　　目前,已有资料中对振弦式仪器现场检验步骤的规定比较详细,但是尚未查到光纤光栅式仪器的相关规定,而温度系数的现场检验耗时较长,进行现场温度性能检验效率较低,若现场安排不合理,施工高峰期进行该项检验,将会直接影响仪器的报验、安装。

　　鉴于以上原因,结合兰州水源地工程安全监测项目,本章将研究以下关键问题:

　　(1)提出振弦式和光纤光栅式仪器的现场检验步骤。

　　(2)讨论仪器现场温度检验的必要性。

### 3.1.1　一般规定

　　(1)生产厂家在监测仪器设备出厂前,完成全部监测仪器设备的率定、调试和检验等工作。每项设备均应提交检验合格证书。

　　(2)监测仪器设备运至现场后,须按厂家的要求在工地存放和保管,并制定仓库管理规章制度。

　　(3)对运至现场的全部监测仪器设备进行检验和验收,验收合格后方可使用。

　　(4)按《混凝土坝安全监测技术规范》(SL 601—2013)、《土石坝安全监测技术规范》(SL 551—2012)、《大坝安全监测仪器检验测试规程》(SL 530—2012)等相关规范和施工图规定的有关技术要求对全部仪器设备进行全面测试、校正、率定,对电缆还应进行通电测试。

　　(5)所有光学、电子测量仪器必须经批准的国家计量和检验部门进行检验和率定,检验合格后方能使用。超过检验有效期的,重新检验。

　　(6)仪器设备小心装卸、存放和安装,以免损坏。如果在装卸、存放过程中发生损坏,需进行更换或予以修复并重新率定。如果在安装过程中发生损坏,立即用其他已经测试、校正和率定的同类型仪器进行替换。

　　(7)根据检验结果编写仪器设备检验报告。

## 3.1.2　现场率定设备

在施工现场需配备必要的检验率定仪器设备,在仪器安装埋设前对其进行检验和率定。一般需要根据仪器类型选择率定设备和工具。常用率定设备大小校正仪见图 3-1。

压力类仪器主要包括压力罐(见图 3-2)、加压泵、密封接头、精密压力表、扳手、生料带、读数仪。土压力计需在压力机上加工专用传力夹具进行检验率定,检验率定时需准备相应量程的标准压力机。钢筋计和锚杆应力计等应力类仪器需在万能材料试验机上进行检验率定。

变形与应变类仪器主要包括率定架、百分表或千分表(应变计)、专用紧固接头、扳手、起子、润滑油、加力器、读数仪。

通用仪表设备包括万用电表、兆欧表(MΩ)、水银温度计、湿度计、保温桶等。

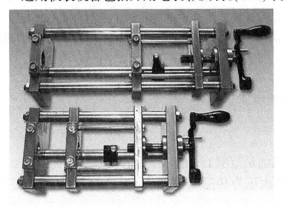

图 3-1　常用率定设备大小校正仪

图 3-2　压力罐

## 3.1.3　仪器设备率定方法

### 3.1.3.1　工作环境及试验大气条件

1. 工作环境条件

水压力传感器应符合下列规定:温度在 0~40 ℃。

在满量程水压力下,非水压力传感器应符合下列规定:温度在 −20~60 ℃。

非水下工作的传感器相对湿度不大于 95%,水下工作的传感器在 0.5 MPa 或规定的水压力下。

2. 参比试验大气条件

温度:20±2 ℃。

相对湿度:60%~75%。

大气压力:86~106 kPa。

3. 正常试验大气条件

温度:15~35 ℃(在每项试验期间,允许的温度变化不大于 1 ℃/h)。

相对湿度:不大于 85%。

大气压力:86~106 kPa。

#### 3.1.3.2　外观及标志的检验测试要求

1. 外观及标志

(1)传感器外观应平整、光洁、无锈斑及裂痕、无明显划痕;传感器表面应进行防腐处理;各部分应连接牢固;引出的电缆、护套应无损伤。

(2)规格尺寸应满足产品标准规定。

(3)传感器应有铭牌标志,铭牌上应标明产品名称、型号、规格、出厂编号、制造厂名称和生产日期;附带技术文件应包括产品合格证、出厂前的检验测试文件、使用说明书和产品技术条件规定的其他文件。

2. 检验测试方法及设备

(1)目测检查,传感器外观应满足产品标准规定。

(2)对于尺寸,参与被测量值计算的和(或)对测量功能有影响的传感器,采用适配于传感器尺寸的游标卡尺进行检验测试,结果应满足产品标准规定。

(3)传感器铭牌及其标识所标明的信息应满足标志要求;传感器附带资料应满足附带技术文件要求。

3. 检验测试规则

外观及标志应为必检和第一顺序检验项目。

#### 3.1.3.3　防水密封性的检验测试要求

1. 防水密封性

(1)水压力式传感器应具有能承受其测量范围1.2倍水压力的能力。

(2)无特殊规定的在水下工作的非水压力传感器应能在0.5 MPa水压力下正常工作。

(3)有特殊要求的非水压力传感器应能在规定的水压力下正常工作。

2. 检验测试设备和方法

(1)检验测试设备:水压力罐和加压设备、不低于0.4级的压力表、100 V/100 MΩ的兆欧表、传感器读数仪。

(2)试验方法及注意事项:传感器置于水压力罐水中,电缆线端应引出水压力罐外或露出水面;水压力式传感器加压至传感器量程1.2倍的压力,保持2 h。在水下工作的非水压力式传感器加压至0.5 MPa压力或规定的防水密封压力,保持2 h。

(3)合格性判定标准:试验后,传感器输出信号应稳定。有绝缘性能要求的传感器,试验后的绝缘电阻应大于50 MΩ。

3. 检验测试规则

防水密封性检验测试为必检和第二顺序检验测试项目。无防水密封性要求的传感器不进行此项检验测试。

#### 3.1.3.4　绝缘性

1. 非差阻式其他型式的有绝缘性要求的传感器

(1)在水下工作的传感器在下列条件下其绝缘电阻均应大于50 MΩ:①在正常试验大气条件下,水压力传感器在其测量范围额定压力水中;②在水下工作的非水压力传感器在0.5 MPa压力或规定的压力水中。

（2）非水下工作的传感器在正常试验大气条件下其绝缘电阻应大于 50 MΩ。

（3）绝缘性有特殊要求的传感器应满足规定的条件。

2. 检验测试设备和方法

（1）检验测试设备：水压力罐、加压设备、不低于 0.4 级的压力表、100 V/100 MΩ 的兆欧表、恒温水浴、冰点槽、传感器读数仪。

（2）试验方法及注意事项如下：

①绝缘性检验测试前，传感器在正常试验大气条件下预先置放 8 h。

②绝缘性检验测试时，应将传感器芯线可靠并联后施测。

③传感器正常试验大气条件下的绝缘性按上条要求直接检测。

④差动电阻式水压力传感器的绝缘性在 0 ℃ 和 40 ℃ 的水中进行检测；非水压力传感器的绝缘性在 0 ℃ 和 60 ℃ 的水中进行检测。

⑤非差动电阻式的水压力传感器应在其测量范围内额定压力水中检测信号电缆芯线与外护套间的绝缘电阻；在水下工作的非水压力传感器应在 0.5 MPa 或规定的压力水中检测信号电缆芯线与外护套间的绝缘电阻。

3. 合格性判定标准

（1）绝缘电阻满足规定要求。

（2）经绝缘性检验测试后，用传感器读数仪测读传感器，其输出信号应稳定。

4. 检验测试规则

（1）有绝缘性要求的各种型式的传感器在正常试验大气条件下的绝缘性为必检和第三顺序检测项目。

（2）其他条件下的绝缘性均为选检项目，仅在型式试验和有特殊要求时进行检测。

（3）无绝缘性要求的传感器不进行此项检测。

### 3.1.3.5　稳定性

1. 振弦式传感器的稳定性

（1）传感器在测量范围内加荷、卸荷 3 个循环，其性能应满足下列要求：零点（或设定的测试点）漂移允许偏差为 ±0.25%F·S；绝缘电阻应大于 50 MΩ。

（2）传感器静置 30 d，零点（或设定的测试点）漂移允许偏差为 ±0.25%F·S；绝缘电阻应大于 50 MΩ。

（3）其他型式的传感器应符合规定的稳定性要求。

2. 检验测试设备和方法

（1）检验测试设备：水压力罐、加压设备、不低于 0.4 级的压力表、100 V/100 MΩ 的兆欧表、温湿试验箱或恒温水浴、传感器读数仪。

（2）试验方法及注意事项：依据稳定性要求制定试验方法；受大气压力、温度影响的传感器的稳定性试验应在相同的正常试验大气条件下，或在稳定性评价时扣除大气压力、温度影响。

3. 合格性判定标准

传感器稳定性应满足规定要求。

4.检验测试规则

传感器的稳定性试验应为专项检测,仅在型式试验和有特定要求时进行检验测试。

### 3.1.4 振弦式监测仪器现场检验

#### 3.1.4.1 振弦式测缝计

1.检验设备

0 级千分表、振弦式读数仪、100 V 兆欧表、压力容器、压力表及加压设备、高低温湿热试验箱、二等标志水银温度计、恒温水浴、振动检验台、冲击检验台、碰撞检验台。

2.检验环境条件

温度:22 ℃。

相对湿度:52%RH。

3.检验方法

测缝计在正常检验大气条件下预先放置 24 h 以上;校准试验前,在满量程值预拉、预压 3 次循环,每次间隔 2 min;在无强烈振动和磁场干扰条件下检验。

(1)外观。目测检查,各部分连接牢固,其表面不应有锈斑、裂纹、明显的划痕及凹陷损伤,引出的电缆、护套应无损伤,标识清晰。

(2)主要性能。将仪器固定在专用校准仪上,检验前按仪器在满量程范围内测量其输出。将仪器满量程位移量按 20%分挡,进行 3 个行程的测量,记下各挡位的标称值($S_i$)及对应的读数值($R_i$)。按仪器计算公式方法计算测缝计的灵敏度、非线性度等。

(3)绝缘性能。在正常检验大气条件下,用 100 V 兆欧表测量不接地电缆芯线与应变计壳体之间的电阻。

(4)稳定性。测缝计在正常检验大气条件下,按额定值加荷、卸荷 10 次,每次保持 30 s;然后让其恢复自然状态,并保持 2 h,检测零点漂移及绝缘电阻。

(5)温度影响。将测缝计放入高低温湿热试验箱中,从常温开始降温至最低正常工作温度,保持 2 h 后读取输出值,然后升温至最高工作温度,保持 2 h 后读取输出值。进行温度修正后,测量其误差值。

(6)防水密封性。将测缝计放置在压力容器中,加水压至其耐水压下,保持 2 h 后,用额定直流电压表 100 V 兆欧表测量应变计芯线与外壳之间的绝缘电阻。

(7)机械环境适应性。①振动:在运输包装状态下,设置振动系统的扫频振动频率为 10 Hz、150 Hz、10 Hz,扫频速度为每分钟 1 倍频程,加速度为 2$g$,对测缝计进行 3 个周期、单轴振动检验,检验后测其性能;②自动跌落:在运输包装状态下,设置自由跌落机的跌落高度为 300 mm,将测缝计自由跌落在平滑、坚硬的混凝土面或钢质面上,共进行 3 次跌落检验,检验后测试其应变性能;③冲击:在运输包装状态下,设置冲击检验台的加速度为 30$g$,脉冲持续时间为 6 ms,对测缝计按每个面进行 3 次冲击检验,6 个面共进行 18 次的冲击检验,检验后测试其应变性能;④碰撞:在运输包装状态下,设置碰撞检验台的峰值加速度为 25$g$,脉冲持续时间为 6 ms,速度变化量为 0.95 m/s,进行 3 000 次的碰撞检验,检验后测试其应变性能。

#### 3.1.4.2　振弦式渗压计

1. 检验设备

压力容器及加压设备、0.25 级及以上精度等级精密压力表、振弦式读数仪、直流 100 V 绝缘电阻表、高低温湿热试验箱、恒温水浴、冰点槽、温度计、电动振动系统、跌落检验台等。

2. 检验环境条件

温度:22 ℃。

相对湿度:52%RH。

3. 检验方法

(1)外观。目测检查,各部分连接牢固,其表面不应有锈斑、裂纹、明显的划痕及凹陷损伤,引出的电缆、护套应无损伤,标识清晰。

(2)压力性能。在检验环境下,预先放置 24 h 以上;检验前,应在测量范围上限值预压 3 次;检验时,测试点数应按满量程压力 10%~20%分挡。先测量渗压计零测试点的输出值。之后,逐渐增加载荷(上行),每到一测试点测读一个输出值,全量程共测得 $n$ 个输出值。然后,从上限值逐渐卸荷至零测试点(下行),同样测得 $n$ 个输出值。重复上述过程,共完成 3 次循环。

(3)绝缘性能。用 100 V 兆欧表测量不接地电缆芯线与应变计壳体之间的电阻。

(4)稳定性。渗压计放置在压力容器中,按满两层压力值加荷、卸荷 10 次,每次保持 30 s;然后让其恢复自然状态,并保持 2 h,检测零点漂移及绝缘电阻。

(5)温度影响。将渗压计放入高低温湿热试验箱中,从常温开始降温至 0 ℃,保持 4 h 后读取输出值,然后升温至最高工作温度,保持 4 h 后读取输出值,测其温度影响。将渗压计分别放置在冰点槽和恒温水浴中,测标准温度与传感器测量温度之间差异的最大值。

(6)防水密封性。将渗压计放置在压力容器中,加压至满量程压力值的 1.2 倍,保持 2 h 后,正常工作。

(7)过范围限。将渗压计置于压力容器中,施加满量程压力值 1.2 倍的压力,保持 0.5 h 后,恢复至满量程压力,进行检验。

(8)机械环境适应性:①振动:在运输包装状态下,设置振动系统的扫频振动频率为 10 Hz、150 Hz、10 Hz,扫频速度为每分钟 1 倍频程,加速度为 2$g$,对测缝计进行 3 个周期、单轴振动检验,检验后测其性能;②自动跌落:在运输包装状态下,设置自由跌落机的跌落高度为 300 mm,将渗压计自由跌落在平滑、坚硬的混凝土面或钢质面上,共进行 3 次跌落检验,检验后性能满足要求。

#### 3.1.4.3　振弦式土压力计

1. 检验设备

活塞式压力计、压力容器或其他加压设备、0.25 级以上精度等级的压力表、振弦式读数仪、冰点槽、恒温水浴、温度计、直流 100 V 绝缘电阻表、高低温湿热试验箱、电动振动系统、跌落检验台等。

2. 检验环境条件

温度:22 ℃。

相对湿度:52%RH。

3. 检验方法

(1)外观。目测检查,各部分连接牢固,其表面不应有锈斑、裂纹、明显的划痕及凹陷损伤,引出的电缆、护套应无损伤,标识清晰。

(2)压力性能。检验要求:在正常检验大气条件下,预先放置 24 h 以上;检验前,应在测量范围上限值预压 3 次,每次间隔 5 min,然后进行正式检验;检验时,测试点数应按满量程压力 10%~20%分档。先测土压力计零测试点的输出值。之后,逐渐增加载荷(上行),每到一测试点测读一个输出值,全量程共测得 n 个输出值。然后,从上限值逐渐卸荷至零测试点(下行),同样测得 n 个输出值。重复上述过程,共完成 3 次循环,按计算公式方法计算性能参数。

(3)绝缘性能。用 100 V 兆欧表测量不接地电缆芯线与应变计壳体之间的电阻。

(4)稳定性。土压力计在正常检验大气条件下,按满量程压力值加荷、卸荷各 10 次,每次保持 30 m。然后,让其恢复自然状态 2 h,检测零点漂移及绝缘电阻。

(5)温度影响。将土压力计放入高低温湿热试验箱中,从常温开始降温至 0 ℃,保持 4 h 后读取输出值,然后升温至 40 ℃,保持 4 h 后读取输出值,测其温度影响。将土压力计分别放置在冰点槽和恒温水浴中,检测在 0 ℃、60 ℃附近任一测试点的标准温度与实测温度之间差异的最大值。

(6)防水密封性。将土压力计放置在压力容器中,加压至满量程压力值的 1.2 倍,保持 2 h 后,正常工作。

(7)过范围限。将土压力计施加满量程压力值 1.2 倍的压力,保持 0.5 h 后,恢复至满量程压力,进行检验。

(8)机械环境适应性。①振动:在运输包装状态下,设置振动系统的扫频振动频率为 10 Hz、150 Hz、10 Hz,扫频速度为每分钟 1 倍频程,加速度为 2g,对测缝计进行 3 个周期、单轴振动检验,检验后测其性能;②自动跌落:在运输包装状态下,设置自由跌落机的跌落高度为 300 mm,将渗压计自由跌落在平滑、坚硬的混凝土面或钢质面上,共进行 3 次跌落检验,检验后性能满足要求。

### 3.1.4.4　振弦式钢筋计/锚杆测力计

1. 检验设备

0.5 级材料检验机、振弦式读数仪、100 V 兆欧表、压力容器、压力表及加压设备、高低温湿度热箱、二等标志水银温度计、恒温水浴、振动检验台、碰撞检验台。

2. 检验环境条件

温度:22 ℃。

相对湿度:52%RH。

3. 检验方法

钢筋计应在正常检验大气条件下预先置放 24 h 以上。校准试验前,应预拉、预压 3 次循环(满量程),每次间隔 2 min。钢筋计应在无强烈振动和磁场干扰的条件下检验。

校准时应无阳光直接照射,钢筋计校准过程中不得用手直接接触。

(1)外观。目测检查,各部分应连接牢固,其表面不应有锈斑、裂纹、明显的划痕及凹陷损伤,引出的电缆、护套应无损伤,标识清晰。

(2)基本性能。在正常检验大气条件下,将钢筋计安装于材料检验机上,按满量程均匀分挡(6~21 点);从满量程的下限开始,逐级加至满量程上限,用振弦式读数仪测量其输出,并记录每个挡位的测值,如此共进行 3 个正、反行程的测量。按仪器计算公式方法计算应变的灵敏度、非线性度等。

(3)过范围限。在正常检验大气条件下,将钢筋计安装于材料检验机上,施加满量程应力值 1.2 倍的负荷,保持 30 s 后卸载,恢复到自由状态;重复 3 次后,进行应力性能检测。

(4)绝缘性能。在正常检验大气条件下,用 100 V 兆欧表测量不接地电缆芯线与应变计壳体之间的电阻。

(5)稳定性。钢筋计在正常检验大气条件下,按额定值加荷、卸荷 10 次,每次保持30 s;然后让其恢复自然状态后,并保持 2 h,检测零点漂移及绝缘电阻。

(6)温度影响。将钢筋计放入高低温湿热试验箱中,从常温开始降温至-20 ℃,保持2 h 后读取输出值,然后升温至 80 ℃,保持 2 h 后读取输出值。进行温度修正后,测量其误差值。

(7)防水密封性。将钢筋计放置在压力容器中,加水压至其耐水压下,保持 2 h 后,用额定直流电压表 100 V 兆欧表测量应变计芯线与外壳之间的绝缘电阻。

(8)机械环境适应性。①振动:在运输包装状态下,设置振动系统的扫频振动频率为10 Hz、150 Hz、10 Hz,扫频速度为每分钟 1 倍频程,加速度为 2g,对钢筋计进行 3 个周期、单轴振动检验,检验后测其应变性能;②自动跌落:在运输包装状态下,设置自由跌落机的跌落高度为 300 mm,将钢筋计自由跌落在平滑、坚硬的混凝土面或钢质面上,共进行 3 次跌落检验,检验后测试其应变性能;③冲击:在运输包装状态下,设置冲击检验台的加速度为 30g,脉冲持续时间为 6 ms,对应变计按每个面进行 3 次冲击试验,6 个面共进行 18 次的冲击检验,检验后测试其钢筋计性能;④碰撞:在运输包装状态下,设置碰撞检验台的峰值加速度为 25g,脉冲持续时间为 6 ms,速度变化量为 0.95 m/s,进行 3 000 次的碰撞检验,检验后测试其应变性能。

### 3.1.4.5　振弦式钢板计

1. 检验设备

应变计标定架、0 级千分表、振弦式读数仪、100 V 兆欧表、压力容器、压力表及加压设备、高低温湿热试验箱、二等标志水银温度计、恒温水浴、振动检验、冲击检验台、碰撞检验台。

2. 检验环境条件

温度:22 ℃。

相对湿度:52%RH。

3. 检验方法

钢板计在正常检验大气条件下预先放置 24 h 以上;校准试验前,在满量程值预拉、预压 3 次循环,每次间隔 2 min;在无强烈振动和磁场干扰条件下检验。

(1)外观。目测检查,各部分应连接牢固,其表面不应有锈斑、裂纹、明显的划痕及凹陷损伤,引出的电缆、护套应无损伤,标识清晰。

(2)性能。在正常检验大气条件下,将钢板计固定在专用标定架上,将钢板计满量程位移量按 20%分挡,从满量程下限开始,逐级进给位移至满量程上限,用振弦式读数仪测量其输出,并记录每个挡位的测值,如此共进行 3 个正、反行程的测量。按仪器计算公式方法计算应变的灵敏度、非线性度等。

(3)过范围限。在正常检验大气条件下,将钢板计安装于标定架上,施加满量程应变值 1.2 倍的负荷,保持 0.5 h 后卸载,恢复到自由状态;重复 3 次后,进行应变性能检测。

(4)绝缘性能。在正常检验大气条件下,用 100 V 兆欧表测量不接地电缆芯线与应变计壳体之间的电阻。

(5)稳定性。钢板计在正常检验大气条件下,按额定值加荷、卸荷 10 次,每次保持 30 s;然后让其恢复自然状态后,并保持 2 h,检测零点漂移及绝缘电阻。

(6)温度影响。将钢板计固定在一已知线胀系统的标定架上,放入高低温湿热试验箱中,从常温开始降温至-20 ℃,保持 2 h 后读取输出值,然后升温至 80 ℃,保持 2 h 后读取输出值。进行温度修正后,测量其误差值。

(7)防水密封性。将钢板计放置在压力容器中,加水压至其耐水压下,保持 2 h 后,用额定直流电压表 100 V 兆欧表测量应变计芯线与外壳之间的绝缘电阻。

(8)机械环境适应性。①振动:在运输包装状态下,设置振动系统的扫频振动频率为 10 Hz、150 Hz、10 Hz,扫频速度为每分钟 1 倍频程,加速度为 2g,对钢板计进行 3 个周期、单轴振动检验,检验后测其应变性能;②自动跌落:在运输包装状态下,设置自由跌落机的跌落高度为 300 mm,将钢板计自由跌落在平滑、坚硬的混凝土面或钢质面上,共进行 3 次跌落检验,检验后测试其应变性能;③冲击:在运输包装状态下,设置冲击检验台的加速度为 30g,脉冲持续时间为 6 ms,对应变计按每个面进行 3 次冲击检验,6 个面共进行 18 次的冲击检验,检验后测试其钢板计性能;④碰撞:在运输包装状态下,设置碰撞检验台的峰值加速度为 25g,脉冲持续时间为 6 ms,速度变化量为 0.95 m/s,进行 3 000 次的碰撞检验,检验后测试其应变性能。

### 3.1.4.6　振弦式应变计/无应力计

#### 1. 检验设备

应变计标定架、0 级千分表、振弦式读数仪、100 V 兆欧表、压力容器、压力表及加压设备、高低温湿热试验箱、二等标志水银温度计、恒温水浴、振动检验台、冲击检验台、碰撞检验台。

#### 2. 检验环境条件

温度:22 ℃。

相对湿度:52%RH。

#### 3. 检验方法

应变计在正常检验大气条件下预先放置 24 h 以上;校准试验前,在满量程值预拉、预压 3 次循环,每次间隔 2 min;在无强烈振动和磁场干扰条件下检验。

（1）外观。目测检查,各部分应连接牢固,其表面不应有锈斑、裂纹、明显的划痕及凹陷损伤,引出的电缆、护套应无损伤,标识清晰。

（2）应变性能。在正常检验大气条件下,将应变计固定在专用标定架上,将应变计满量程位移量按 20% 分挡,从满量程下限开始,逐级进给位移至满量程上限,用振弦式读数仪测量其输出,并记录每个挡位的测值,如此共进行 3 个正、反行程的测量。按仪器计算公式方法计算应变的灵敏度、非线性度等。

（3）过范围限。在正常检验大气条件下,将应变计安装于标定架上,施加满量程应变值 1.2 倍的负荷,保持 0.5 h 后卸载,恢复到自由状态;重复 3 次后,进行应变性能检测。

（4）绝缘性能。在正常检验大气条件下,用 100 V 兆欧表测量不接地电缆芯线与应变计壳体之间的电阻。

（5）稳定性。应变计在正常检验大气条件下,按额定值加荷、卸荷 10 次,每次保持 30 s;然后让其恢复自然状态,并保持 2 h,检测零点漂移及绝缘电阻。

（6）温度影响。将应变计固定在一已知线胀系统的标定架上,放入高低温湿热试验箱中,从常温开始降温至−20 ℃,保持 2 h 后读取输出值,然后升温至 80 ℃,保持 2 h 后读取输出值。进行温度修正后,测量其误差值。

（7）防水密封性。将应变计放置在压力容器中,加水压至其耐水压下,保持 2 h 后,用额定直流电压表 100 V 兆欧表测量应变计芯线与外壳之间的绝缘电阻。

（8）机械环境适应性。①振动:在运输包装状态下,设置振动系统的扫频振动频率为 10 Hz、150 Hz、10 Hz,扫频速度为每分钟 1 倍频程,加速度为 2g,对应变计进行 3 个周期、单轴振动检验,检验后测其应变性能;②自动跌落:在运输包装状态下,设置自由跌落机的跌落高度为 300 mm,将应变计自由跌落在平滑、坚硬的混凝土面或钢质面上,共进行 3 次跌落检验,检验后测试其应变性能;③冲击:在运输包装状态下,设置冲击检验台的加速度为 30g,脉冲持续时间为 6 ms,对应变计按每个面进行 3 次冲击检验,6 个面共进行 18 次的冲击检验,检验后测试其应变性能;④碰撞:在运输包装状态下,设置碰撞检验台的峰值加速度为 25g,脉冲持续时间为 6 ms,速度变化量为 0.95 m/s,进行 3 000 次的碰撞检验,检验后测试其应变性能。

振弦式钢筋计率定典型图见图 3-3,振弦式测缝计率定典型图见图 3-4,振弦式渗压计率定典型图见图 3-5。

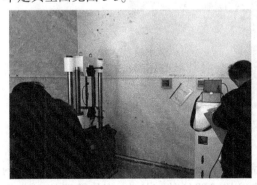

**图 3-3　振弦式钢筋计率定典型图**

 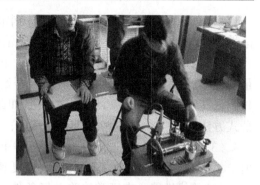

图 3-4　振弦式测缝计率定典型图　　　图 3-5　振弦式渗压计率定典型图

### 3.1.5　光纤类仪器现场检验

现行的大坝监测及岩土工程仪器国家标准里尚无光纤光栅传感器的内容。传感器关键的力学性能测试方法和控制指标,在本工程的实际应用中参考相应振弦式仪器的国家标准。

用于检验的计量设备与仪表(主要包括游标卡尺、压力表、千分表等)须按检定周期和技术要求送国家计量行政主管部门授权的计量鉴定机构进行检定或校验,检验合格后使用。检验结果超过有效期的,须重新送检。

现场检验采用的检验设备与振弦式仪器相同,采集装置采用光纤光栅解调仪,计算公式中采用的是波长 $n$。在传感器的量程范围内进行 3 个循环(进程及回程)的测试,计算非线性度、滞后、不重复度、仪器系数等指标,与振弦式仪器的相关指标比较,如果合格,则上报后即可在工程中应用,否则退回厂家。

由于光纤光栅式仪器原理与振弦式仪器不同,通过现场检验发现,光纤光栅式仪器的测试通过率要比振弦式仪器低,主要问题集中在不重复度、滞后等方面的误差。因此,光纤光栅式仪器在传感器的封装、结构设计方面还有待改进。

仪器现场检验见图 3-6。

图 3-6　仪器现场检验

### 3.1.5.1　光纤光栅位移传感器

(1)位移传感器安装到标定架上,安装完成后,数显尺归零,尾线接头接入解调仪内。

(2)预拉传感器,慢慢摇动手摇把手,使得传感器拉伸杆拉出,把传感器拉到满量程

（满量程数值根据传感器型号确定），记录数据。

（3）撞零：往回摇动手摇把手，使得传感器拉杆收回，直到数显尺数值为 0，记录数据。

（4）正向标定：从初始点开始，摇动手摇把手，以 1/10 满量程为一级，直到满量程，记录各级的数据。

（5）负向标定：从满量程点开始，反向摇动手摇把手，以 1/5 满量程为一级，直到回到初始点，记录各级的数据。

（6）位移–波长拟合系数大于 0.999 视为合格。

光纤光栅位移传感器测试装置见图 3-7，标定曲线见图 3-8。

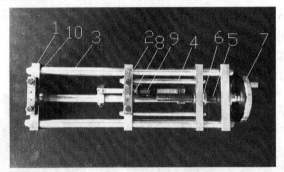

1—固定板；2—活动板；3—支撑杆；4—拉杆；5—传动螺杆；
6—传动螺母；7—手摇把；8—尺座；9—数字测尺；10—紧定螺钉。

**图 3-7　光纤光栅位移传感器测试装置**

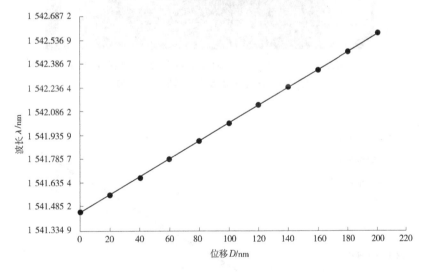

**图 3-8　标定曲线**

传感器计算公式如下：

$$D = K_{p}\left[\left(P_{s} - P_{0}\right) - K_{t}\left(P_{t} - P_{t0}\right)\right] \tag{3-1}$$

式中：$D$ 为位移值，mm；$K_{p}$ 为位移与波长变化量的比例系数，mm/nm；$K_{t}$ 为波长变化的温补系数；$P_{0}$ 为位移光栅的初始波长，nm；$P_{s}$ 为位移光栅的测量波长，nm；$P_{t}$ 为温补光栅的测量波长，nm；$P_{t0}$ 为温补光栅的初始波长，nm。

#### 3.1.5.2　光纤光栅渗压传感器

(1)将光纤光栅渗压传感器安装到压力表校验器上,安装完成后,压力表归零,尾线接头接入解调仪内。

(2)预拉传感器,慢慢摇动手摇把手,把传感器拉到满量程(满量程数值根据传感器型号确定),记录数据。

(3)撞零:往回摇动手摇把手,直到压力表数值为0,记录数据。

(4)正向标定:从初始点开始,摇动手摇把手,以1/10满量程为一级,直到满量程,记录各级的数据。

(5)负向标定:从满量程点开始,反向摇动手摇把手,以1/5满量程一级,直到回到初始点,记录各级的数据。

(6)压力-波长拟合系数大于0.999视为合格。

光纤光栅渗压传感器测试装置见图3-9,标定曲线见图3-10。

1—旋转手轮;2—手摇泵;3—单向阀门;4—导管;5—油杯;6—底座。

图 3-9　光纤光栅渗压传感器测试装置

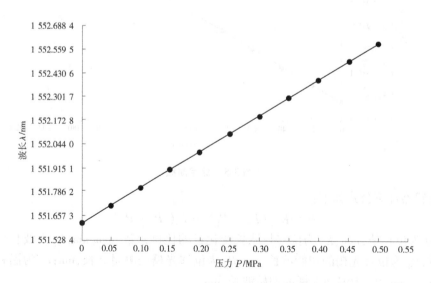

图 3-10　标定曲线

传感器计算公式如下：

$$P = K_p \left[ (P_s - P_0) - K_t (P_t - P_{t0}) \right] \tag{3-2}$$

式中：$P$ 为压力，MPa；$K_p$ 为压力与波长变化量的比例系数，MPa/nm；$K_t$ 为波长变化的温补系数，$P_0$ 为压力光栅的初始波长，nm；$P_s$ 为压力光栅的测量波长，nm；$P_t$ 为温补光栅的测量波长，nm；$P_{t0}$ 为温补光栅的初始波，nm。

### 3.1.5.3　光纤光栅土压力计

（1）将光纤光栅土压力计安装到压力表校验器上，安装完成后，压力表归零，尾线接头接入解调仪内。

（2）预拉传感器，慢慢摇动手摇把手，把传感器拉到满量程（满量程数值根据传感器型号确定），记录数据。

（3）撞零：往回摇动手摇把手，直到压力表数值为 0，记录数据。

（4）正向标定：从初始点开始，摇动手摇把手，以 1/10 满量程为一级，直到满量程，记录各级的数据。

（5）负向标定：从满量程点开始，反向摇动手摇把手，以 1/5 满量程为一级，直到回到初始点，记录各级的数据。

（6）压力-波长拟合系数大于 0.999 视为合格。

标定曲线见图 3-11。

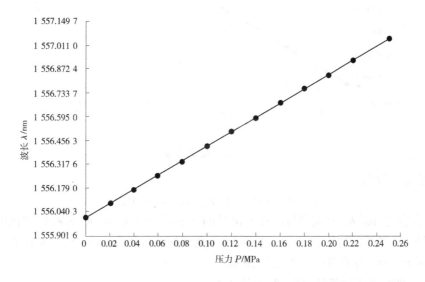

图 3-11　标定曲线

传感器计算公式同式（3-2）。

### 3.1.5.4　光纤光栅应变计/无应力计

（1）根据传感器的长度调节标定架的长度，后面丝杆活动区域要达到传感器满量程的长度。

（2）传感器用光纤熔接机接好跳线，把跳线接头接入解调仪内，记录传感器的初始值。

（3）把传感器固定到标定架上,把螺丝拧紧固定好,转动把手使传感器的波长与传感器的初始值相近,再把千分表归零。

（4）预拉传感器,慢慢摇动手摇把手,当传感器达到正的满量程时停止拉伸,记录数据,摇动手摇把手,把传感器回归到零点,记录数据;接着摇动手摇把手,当传感器达到负的满量程时停止拉伸,记录数据;摇动手摇把手,把传感器回归到零点,并记录数据。

（5）正向标定:从负的满量程点开始,摇动手摇把手,以 1/10 满量程为一级,直到正的满量程,记录各级的数据。

（6）反向标定:从正的满量程点开始,反向摇动手摇把手,以 1/5 满量程为一级,直到回到负的满量程,记录各级的数据。

（7）应变-波长拟合系数大于 0.999 视为合格。

标定曲线见图 3-12。

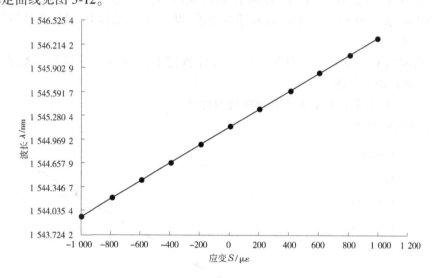

图 3-12　标定曲线

传感器计算公式:

$$S = K_p [ ( P_s - P_0 ) - K_t ( P_t - P_{t0} ) ] \qquad (3\text{-}3)$$

式中:$S$ 为应变,μs;$K_p$ 为应变与波长变化量的比例系数,μs/nm;$K_t$ 为波长变化的温补系数;$P_0$ 为应变光栅的初始波长,nm;$P_s$ 为应变光栅的测量波长,nm;$P_t$ 为温补光栅的测量波长,nm;$P_{t0}$ 为温补光栅的初始波长,nm。

### 3.1.5.5　光纤光栅钢筋计/锚杆测力计

（1）将光纤光栅钢筋应力计固定在材料试验机上,安装完成后,尾线接头接入解调仪内。

（2）调整材料试验机拉力,使拉力读数显示为 0 kN,此处即为标定的初始点。接着逐渐增大拉力,把传感器拉到满量程(满量程数值根据传感器型号确定),记录数据。

（3）撞零:逐渐减小拉力,直至读数显示为 0 kN,记录数据。

（4）正向标定:从初始点开始,逐渐增大拉力,以 1/10 满量程为一级,直到正的满量程,记录各级的数据。

（5）负向标定：从满量程点开始，逐渐减小拉力，以 1/5 满量程为一级，直至回到初始点，记录各级的数据。

（6）拉力–波长拟合系数大于 0.999 视为合格。

光纤光栅钢筋应力计测试装置见图 3-13，标定曲线见图 3-14。

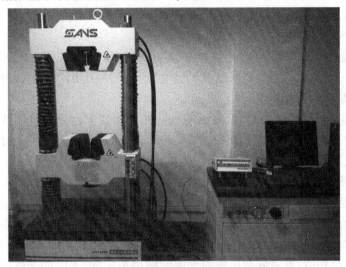

**图 3-13　光纤光栅钢筋应力计测试装置**

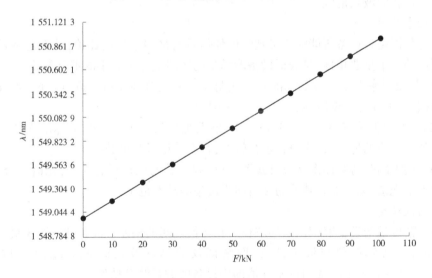

**图 3-14　标定曲线**

传感器计算公式：

$$F = K_p \left[ (P_s - P_0) - K_t (P_t - P_{t0}) \right] \tag{3-4}$$

式中：$F$ 为拉力，kN；$K_p$ 为拉力与波长变化量的比例系数，kN/nm；$K_t$ 为波长变化的温补系数；$P_0$ 为拉力光栅的初始波长，nm；$P_s$ 为拉力光栅的测量波长，nm；$P_t$ 为温补光栅的测量波长，nm；$P_{t0}$ 为温补光栅的初始波长，nm。

### 3.1.5.6 光纤光栅解调仪

**1. 波长重复性**

波长重复性是指光纤光栅在恒定的外界环境中,不受外界扰动影响的情况下,设备长期测试,解调出来的波长的漂移量大小,即表征设备长期重复稳定测试的能力。

(1)将标准光纤光栅陶瓷温度计固定在恒温水槽内,且温度计放置于水槽的中间,避免与水槽壁和水槽底部触碰。

(2)将恒温水槽加满水,温度设置为 40 ℃,保持恒定,稳定温度 1 h 左右开始测试,恒温水槽内放置 1 支用作参考的高精度电子温度计,精度为 0.01 ℃,实时测试水槽内水温的波动是否在温度波动范围内。

(3)待恒温水槽内温度稳定后,将标准光纤光栅陶瓷温度计通过跳线接到设备上进行测试,测试时长为 1 h,自动记录波长数据,分析波长数据的稳定情况,计算波长的正负漂移量,即为设备的波长重复性。

**2. 波长范围**

波长范围是指设备所能测试的最小波长、最大波长及其最小波长和最大波长之间的所有波长,即设备的波长范围解调能力。将法布里-珀罗(F-P)标准具(标准具的波长范围是 1 510~1 590 nm,通道隔离度是 100 GHz)通过跳线接到设备上进行解调,获取光谱数据,记录并保存光谱;查看解调出来的光谱数据是否连续,连续的光谱数据显示的波长范围即为设备的波长范围。

**3. 动态范围**

动态范围是指设备所能够测量到的最强信号与最弱信号的比值,动态范围是影响测量方便性的一个重要指标,是表征设备能承受的链路上光损大小的重要参数。

(1)将反射率大于 95%的标准光纤光栅通过跳线接到设备上进行解调,查看并记录光谱数据,拔下光纤光栅跳线头,进行下一步操作。

(2)先将可调式光衰减器接到设备上,然后把反射率大于 95%的标准光纤光栅通过跳线接到衰减值的另一头,用设备进行解调,查看并记录光谱数据。

(3)按照 1 db 每级逐渐调节衰减器,每次调节后测试是否有光谱,光谱是否正常,直至检测不出光谱,衰减器衰减值的 2 倍即为设备的动态范围。

**4. 测试精度**

波长精度是指设备解调出来的波长与真实值之间的偏差。波长计设置 3 组标准波长 $\lambda_1$、$\lambda_2$、$\lambda_3$,连接解调仪与波长计,读取解调仪的测试波长值 $\lambda_{10}$、$\lambda_{20}$、$\lambda_{30}$,则波长差 $|\lambda_1-\lambda_{10}|$、$|\lambda_2-\lambda_{20}|$、$|\lambda_3-\lambda_{30}|$ 的平均值即为设备的波长测试精度。

## 3.1.6 电缆的检验

(1)当温度为-25~60 ℃、承受水压为 1.0 MPa 时,绝缘电阻应不小于 100 MΩ/km。

(2)2 芯或 4 芯电缆芯线在 200 m 内无接头,14 芯电缆芯线在 1 500 m 范围内无接头。

(3)每 100 m 电缆的单芯电阻应不超过 3 Ω,每 100 m 电缆芯线之间的电阻差值应不大于单芯电阻的 10%。

（4）当电缆内通入 0.1~0.15 MPa 气压时，其漏气段不得使用。

（5）电缆的检验：成批电缆采用抽样检验法，抽样数量为本批的 10%，不得小于 100 m。

①用电桥率定器标定数字电桥或水工比例电桥，保证数字电桥或水工比例电桥的正确性。

②用数字电桥或水工比例电桥分别测量电缆芯线黑、蓝、红、白的电阻，测值应不大于 3 Ω/100 m。

③用 500 V 直流电阻表测量被测电缆各芯线间的绝缘电阻，测值应不小于 100 MΩ。

④根据电缆耐水压参数，把被测电缆置于耐水压参数规定的水压环境下 48 h，用 500 V 直流电阻表测量被测电缆芯线与水压试验容器间的绝缘电阻，测值应不小于 100 MΩ。

### 3.1.7 仪器现场温度检验

传统差阻式仪器采集的是电阻信号，受温度变化的影响测值变化较大，而振弦式仪器采集的是频率信号，受温度变化影响很小，光栅光纤式仪器采集的是波长，受温度变化影响也很小。本工程为地下深埋隧洞工程，仪器安装完成后长期处于地下 200~300 m 处，温度变化很小。鉴于此，本工程不进行仪器的现场温度检验工作，直接利用厂家给出的温度系数进行相关计算。

## 3.2 仪器现场安装

监测仪器埋设安装是安全监测工作中非常重要的环节，监测仪器一旦安装埋设完成，很多情况下是无法替换或无法补救的，即仪器埋设安装关系到监测成果的质量高低和整个监测工作的成败。因此，仪器埋设安装前应做好各项准备工作，排除其他工序的施工干扰以确保监测仪器埋设安装质量或成活率。

本工程使用的大部分监测仪器的安装埋设方法在《混凝土坝安全监测技术规范》（DL/T 5178—2016）和《大坝安全监测仪器安装标准》（SL 531—2012）中阐述得非常详细，但是部分仪器不太适合在隧洞内安装。另外，对于光纤光栅式仪器规范中尚未有相关规定。

综合以上情况，本节主要研究以下内容：

（1）适合引水隧洞的典型仪器的安装要点、安装时间。

（2）电缆在隧洞、竖井及管片中的敷设。

（3）光纤光栅式仪器的安装方法。

### 3.2.1 仪器安装要点

#### 3.2.1.1 固定测斜仪

固定测斜仪是将测斜仪固定在测斜管内设定测点（见图 3-15），采用人工或自动方式测量，监测被测点水平位移的连续变化。本工程固定测斜仪安装在分水井井壁内，主要监测分水井井壁的挠度变化。

（1）安装前应对测斜管导槽和传感器的正方向做永久标记，避免传感器方向颠倒，本

图 3-15　固定测斜仪安装

工程将迎水侧规定为正方向。

（2）安装前按测斜仪的设计安装高程，计算好各测斜仪之间的高差，截好不锈钢连接杆长度，并进行编号。

（3）安装前应将测斜仪模拟探头从管口往管底进行试放一次，以保证测斜管内无漏浆，模拟探头在管内上下畅通时才可正式安装。

（4）安装时应采用$\phi 6$钢丝绳拉住最下边的测斜仪，缓缓下放，直至最后一个测斜仪安装完成，并将钢丝绳固定，以保证整套仪器处于自由状态。

### 3.2.1.2　测缝计

本工程测缝计主要用于监测围岩和混凝土衬砌之间的开合度。

（1）在安装传感器前，应在设计位置的围岩内埋设好测缝计套筒及加长杆（采用$\phi 90$钻孔灌浆方式预埋），并做好标记。

（2）由于在混凝土衬砌浇筑过程中或完成后，传感器不可避免地会受到剪切力的作用，安装调试完成时，应利用钢筋支架对其进行固定（见图 3-16），以保证传感器只受拉、压作用，而不受剪切力作用，避免仪器因剪切变形过大而损坏。

### 3.2.1.3　钢筋计

本工程中钢筋计主要监测混凝土衬砌及建筑物等结构的应变。

（1）待安装的钢筋计应与被测钢筋同直径，安装时应保证被测钢筋在同一轴线上。

（2）为方便施工，根据施工现场条件采用焊接或机械连接方式（见图 3-17），对于直径大于 28 mm 的钢筋计采用机械螺纹连接方式安装，其他的采用焊接方式安装，焊接过程中应避免传感器温度过高导致仪器损坏。

### 3.2.1.4　锚杆测力计

本工程中锚杆测力计主要监测围岩内锚杆的应变。

本工程中由于锚杆钻孔孔径较小（$\phi 30$），若采用帮焊方式连接，将无法放入钻孔内，故采用机械螺纹连接方式安装（见图 3-18），且效率较焊接方式大幅提高。

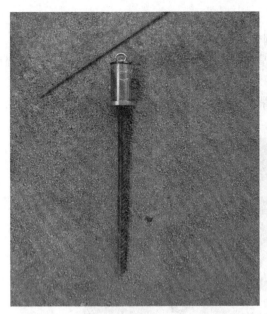

图 3-16　测缝计安装

图 3-17　钢筋计安装

图 3-18　锚杆测力计安装

#### 3.2.1.5　钢板计

本工程中钢板计主要监测隧洞压力钢管的应变。

(1)安装时,首先将固定夹具按尺寸焊接在被测钢管的外表面,在夹具冷却至常温后安装表面应变计,避免因高温损坏。

(2)安装调试完成时,应加盖保护罩保护,保护罩应与钢管密封良好,确保混凝土不进入保护罩内(见图 3-19)。

图 3-19　钢板计安装

#### 3.2.1.6　多点位移计

本工程中多点位移计主要监测隧洞围岩的深部变形,每套布设 3 个测点。

(1)根据套筒直径、灌浆管直径及通气管直径,位移计造孔直径不应小于 130 mm,深度应至少超过设计深度 0.5 m。

(2)由于本工程位移计深度相对较浅,可以采用孔外组装完成后再放入孔内的方式安装(见图 3-20)。

图 3-20　多点位移计安装

(3)本工程位移计主要监测围岩向临空面的变形,故传感器预拉不应超过其量程的 10%,以保证有更多的量程来应对围岩变形。

#### 3.2.1.7　管片外弧面渗压计的安装埋设

渗压计采用预安装外牙套、后旋转内牙套推进的方法安装,渗压计安装过程中应着重做好外牙套和管片外弧面出口处薄塑料片的安放定位、内牙套的旋转力度、进度及破壁深度的把握、外牙套的振捣及止水等工作。具体如下:

(1)做好与相关方的沟通,在拼接管片前做好渗压计安装的各项准备。

(2)根据选定的仪器型号将制作好的外牙套安放至未浇筑管片内,同时做好牙套固定,防止浇筑过程中牙套倾伏移位,同时选好薄塑料片的材质及大小,保证有效孔径以便正常安装。

(3)做好与土建方的良好沟通,预留仪器安装时间,在内牙套上做好刻度标记,在旋转的过程中应轻力慢速确保仪器不损坏,根据刻度标记判断安装是否到位。

(4)外牙套回填采用人工回填振捣,并做好止水等工作。

#### 3.2.1.8　管片外弧面土压力计的安装埋设

土压力计采用预埋安装盒的方法安装,由于土压力计尺寸相对较大,因此在土压力安装过程中应注意做好安装盒的选取固定,管片运送、拼接时安装盒和仪器的保护,围岩(土体)面仪器接触面处理和有效黏结。

(1)土压力计尽可能选择小尺寸,安装盒在满足土压力计安装基础上尽可能选取小尺寸。

(2)在预制管片时在将要预装安装盒的部位预埋连接件,便于安装盒的预装,安装盒长的方向与洞轴线保持一致,降低在管片运输拼接时盒子和仪器损坏的概率。

(3)做好与土建方的良好沟通,预留仪器安装时间,同时关注安装仪器管片的运送、拼接情况,在岩体(土体)接触面采用砂浆找平和云石胶黏结的方式确保仪器有效安装,以实现外力力值有效测读。

### 3.2.2　仪器安装时间

#### 3.2.2.1　钻爆段隧洞内安装

众所周知,隧洞围岩变形具有时效性和空间性,隧洞爆破开挖完成后,仪器(主要是锚杆测力计和多点位移计)安装时间越早,越靠近掌子面,监测到的数据也就越全面,因此围岩中的仪器应与围岩喷锚支护施工同时进行,以便监测到更多的围岩变形和支护应力,最迟也应在进行二次衬砌前完成安装。为避免后面爆破对电缆的损坏,应做好相应的电缆保护工作。

隧洞内二次衬砌中的仪器(主要是钢筋计、应变计、无应力计)以及二次衬砌与初次衬砌之间的仪器(主要有土压力计、测缝计),应根据二次衬砌施工的进度进行安装。本工程混凝土衬砌的支护采用模板台车,衬砌内部空间有限,模板台车就位后施工人员无法进入作业面,因此衬砌内的仪器应该在模板台车就位前安装完成,监测电缆引向施工竖井或支洞出口处。

#### 3.2.2.2　TBM 滑行段内安装

本工程中 TBM 滑行段是指 TBM 到达之前,对其前方不良地质段进行预处理的洞段。对于在滑行段内安装的仪器(主要是锚杆测力计、多点位移计、渗压计和土压力计),应在具备安装条件时尽早安装。由于本工程采用的是双护盾掘进,TBM 过后围岩和护盾之间没有空间,无法在隧洞内安装仪器,最晚应在 TBM 到达之前完成安装,仪器电缆引向施工竖井处。

本工程中 TBM 掘进完成后,隧洞采用安装预制管片、吹填豆砾石和回填灌浆的方式进行衬砌,监测衬砌应力应变的监测仪器(主要是钢筋计和应变计)安装在预制管片内,管片安装之前需经过预制、养护、倒运等工序,因此管片内的监测仪器应在管片安装前 1~2 月完成安装。为避免损坏或丢失,也不宜太早安装。

### 3.2.3　光纤光栅式仪器安装方法

光纤光栅式仪器信号传输距离长,造价低,抗腐蚀、抗电磁等抗干扰能力强,能适应引水工程的现场环境,在本工程中的仪器成活率高(95%以上),应用比较成功。但仍应注意一些问题,如光纤光栅式仪器在采购阶段就应规划波长分配方案,避免波长重叠,以避免多支传感器串联时无法识别波长;为避免现场光缆熔接加长,以降低光路的光损,在光纤光栅式仪器采购阶段应尽量按实际需要加长尾纤。

#### 3.2.3.1　锚杆测力计

(1)以安装断面为单位,安装前将断面的内锚杆测力计依次进行串联(为了便于识别波长,一般不宜超过 6 支),两端的尾纤分别加长。

(2)现场安装时,传感器依次采用机械螺纹连接方式直接连接在同直径的被测锚杆上,连接完成后传感器尾纤应沿着钢筋走线,每隔 1 m 采用尼龙扎带扎好,避免用铁丝绑扎线固定尾纤,以免损伤尾纤。然后将安装完成的待测锚杆塞入提前钻好的钻孔中,两端的尾纤均应留在钻孔外,在进行数据采集时,若一端异常,可以采用另一端。

(3)钻孔的直径不宜小于 50 mm,以免光纤弯折过大而损坏。待锚杆完全塞入后用水泥砂浆封死孔口并利用灌浆管进行灌浆。

光栅式锚杆测力计安装见图 3-21。

图 3-21　光栅式锚杆测力计安装

### 3.2.3.2 钢筋计

(1)以安装断面为单位,安装前将断面的内钢筋计依次进行串联(为了便于识别波长,一般不宜超过 6 支,若钢筋计数量较多可分成两组或多组),每组两端的尾纤分别加长。

(2)现场安装时,钢筋计采用焊接的方式依次连接在同直径的被测钢筋上,焊接过程中应在焊接部位包裹一些湿抹布,避免传感器温度过高损坏。焊接完成待温度降至常温后,传感器尾纤应沿着钢筋走线,每隔 1 m 采用尼龙扎带扎好,避免用铁丝绑扎线固定尾纤,以免损伤尾纤。

(3)考虑到衬砌全断面施工及后期光缆在拱顶处走明线,因此应将尾纤引至拱顶的预埋线盒内,待衬砌混凝土浇筑完成且拆模后,将尾纤从预埋线盒内引出,以便后期与主光缆熔接。

光栅式钢筋计安装见图 3-22。

### 3.2.3.3 应变计

(1)以安装断面为单位,安装前将本断面的内应变计依次进行串联(为了便于识别波长,一般不宜超过 6 支,若仪器数量较多可分成两组或多组),每组两端的尾纤分别加长。

(2)现场安装时,应变计采用直接绑扎的方式依次固定在相应位置的钢筋上,绑扎完成后传感器尾纤应沿着钢筋走线,每隔 1 m 采用尼龙扎带扎好,避免用铁丝绑扎线固定尾纤,以免损伤尾纤。

(3)考虑到衬砌全断面施工及后期光缆在拱顶处走明线,因此应将尾纤引至拱顶的预埋线盒内,待衬砌混凝土浇筑完成且拆模后,将尾纤从预埋线盒内引出,以便后期与主光缆熔接(见图 3-23)。

图 3-22 光栅式钢筋计安装

图 3-23 光栅式应变计安装

#### 3.2.3.4　渗压计、土压力计

这类仪器由于无法并联或串联,安装方法与振弦式仪器相同,但安装过程中仍应注意保护光缆。

光纤光栅式传感器可以串联或并联,构建准分布式传感网络,进一步减少数据采集系统中光纤光栅解调仪的使用数量,从而降低系统造价。串联或用分路器并联的光纤光栅式传感器阵列包含多个传感光栅,光纤光栅解调仪通过反射光波长"寻址"每一个光栅,因此传感器阵列中波长应该具有唯一性,即解调仪的一个通道中的光纤光栅式传感器波长不能重复。因此,在安全监测设计或传感器订货时,需要明确每个光纤光栅式传感器的中心波长值以及将来的组网方式。

# 3.3　电缆/光缆引设与保护

电缆/光缆的引设与保护是监测仪器施工的一个重要组成部分,它不仅要经历施工期,还要经历较长的运行期,加上现场施工条件复杂,交叉干扰多,从而对电缆/光缆的保护提出了很高的要求,施工中只有采取切实有效的措施,才能将仪器的损失降低到最低限度,确保仪器的完好率。本节主要研究的内容如下。

## 3.3.1　监测电缆的引设与保护

为满足工程需求,选择仪器配套电缆,仪器的电缆在使用前进行测试,同时还要检查芯线有无折断,外皮有无破损,如发现异常,立即检查原因并及时修复。电缆的连接采用热缩材料,保证符合电缆接头的防水、绝缘等要求。

目前,热缩管广泛应用于观测电缆的连接。接线时采用直径为 $5\sim7$ mm 的热缩套管,加温热缩,用火从中部向两端均匀地加热,使热缩管均匀地收缩,管内不留空气,热缩管紧密地与芯线结合。在外漏芯线和热缩管与电缆搭接处均匀缠绕热熔胶后,将预先套在电缆上的直径为 $18\sim20$ mm 的热缩管移至缠胶带处加温热缩。为了保证电缆接头更好地防水和绝缘,满足隧洞内复杂的环境要求,又根据当前接线方法进行优化,接头部分使用的热缩管为一长一短,先将短热缩管加热收缩后再套上长热缩管,在热缩管均匀地收缩后,对内部各芯线均匀涂抹树脂胶或清漆,在等待芯线涂抹树脂胶或清漆干燥时,对热缩管与电缆搭接处进行打毛处理,使电缆外皮与热熔胶更好地融合为一体。最后在已加热且热缩完成的热缩管上均匀缠绕高压防水自粘绝缘胶带,再在高压防水自粘绝缘胶带上面均匀缠绕一层电工胶布,缠绕高压防水自粘绝缘胶带时要求热缩管两头各长出 40 mm 以上,缠绕电工胶带的长度也要大于高压防水自粘绝缘胶带缠绕长度。电缆的牵引注意事项如下:

(1)监测仪器的电缆在结构物内部牵引时,仪器电缆沿钢筋牵引,并将电缆用尼龙绳绑扎在钢筋上,每隔 1 m 绑扎一处。

(2)监测仪器的电缆沿建筑物底面、建筑物外部及隧洞洞顶牵引时,电缆外加保护管

保护。

（3）穿保护管的电缆,在保护管出口处和入口处应采用三通或弯头相接,出入口处电缆应用布条包扎,以防电缆受损。

（4）水平敷设的电缆应呈"S"形,垂直上引的电缆要适当放松,不要频繁拉动电缆,以防损坏。

（5）电缆跨缝时,应有 5～10 cm 的弯曲长度,电缆跨缝处,应包扎多层布条,包扎长度为 40 cm。

（6）电缆牵引时若遇转弯,转弯半径应不小于 10 倍的电缆保护管管径。

（7）电缆牵引过程中,要保护好电缆头和编号标志,防止浸水和受潮,随时检测电缆和仪器的状态及绝缘情况,并记录和说明。

（8）从监测仪器引出的电缆不应暴露在日光下或淹没在水中,如不能及时引入监测站,应及时挂壁保护,并可采取套袋或设置木箱等临时保护措施,以防破坏和老化。

### 3.3.2　监测光缆的引设与保护

#### 3.3.2.1　光缆检验和敷设

（1）对运至施工现场的光缆进行现场检验,包括核对光缆包装标记、盘号和盘长;光缆盘应完整、无破损、无机械损伤;测量光纤衰减常数和检查光纤后向曲线,以确认光缆的主要技术指标是否达到设计要求和合同文件要求。对无法现场检查的参数,检查出厂记录和业主厂验人员的检查记录。

（2）光缆布放应自然平直,不得有扭绞、打圈接头等现象,不应受外力的挤压而产生损伤。

（3）绑扎:施工穿线时做好临时绑扎,避免垂直拉紧后再绑扎,以减少重力下垂对线缆性能的影响,主干线安装完后要进行整体绑扎,光缆应实行单独绑扎。绑扎时弯曲半径应满足不小于 10 cm。

（4）光缆敷设时应做好防水措施,防止光缆两端有水浸入。

（5）光缆敷设根据现场情况而定,光缆采用镀锌线卡固定于洞壁上方(距离仰拱衬砌中心点的高差不小于 2.7 m),镀锌线卡采用射钉和膨胀螺栓结合的方式进行固定(每隔 2 m 左右用射钉对线卡进行固定,每隔 8 m 左右采用膨胀螺栓对线卡进行固定),遇洞轴线拐弯处适当加密。

（6）光缆两端应贴有标签,应标明编号,标签书写清晰、端正和正确。标签应选用不易损坏的材料。

（7）光缆布放完毕后,应将各监测断面光缆交接处的光缆规整好,并用扎线绑扎固定。

#### 3.3.2.2　光缆接续与保护

（1）光缆分路焊接点的连接采用永久性光纤连接(熔接)。这种连接是用放电的方法将两根光纤的连接点熔化并连接在一起。这样连接的优点是连接点的衰减在所有连接方法中最低,典型值在 0.01~0.03 dB/点。连接时采用专用设备(光纤熔接机),由专业人员负责熔接。熔接点外用专用容器保护。

(2)光纤接续后排列整齐、布置合理,将光纤接头固定,光纤余长盘放一致、松紧适度,无扭绞受压现象,其余长不大于 1.2 m。

(3)光缆接头采用套管保护,封合后测试、检查,并做记录备查。

(4)光缆终端的接头布置合理有序,安装位置安全稳定,其附近不能放置有可能损害它的设施,如热源和易燃物质等。

(5)光缆尾纤插入光纤配线架的连接部件中,暂时不用的尾纤,若不插入应套上塑料帽,防止其受污染,便于日后连接。

(6)应对光纤接续盒中的光纤接头加以保护,光纤盘绕方向一致,光纤接续盒中应留有足够的空间,以满足盘绕的曲率半径。

(7)光缆传输过程中的尾纤盒跳线在插入耦合器前用酒精擦拭连接器插头,擦拭干净后才能进行插接,插接必须紧密、牢固、可靠。

(8)光纤终端均设醒目标志,标志内容正确无误、清晰完整。

### 3.3.3　单片管片内线缆引设

一般监测断面和综合监测断面所在管片的内外弧面均埋设了仪器,综合考虑进度、质量及成本,管片外弧仪器监测线缆应引设至管片内弧面,和内弧仪器监测线缆统一引设,在预制管片阶段安装管片内监测仪器时应提前将管片外弧面的线缆在管片内预埋,后期仪器安装完毕后对接即可。为保证洞内线缆引设统一美观,减少管片出线孔数量,同时保证后期监测警示标识喷涂的有效性,综合断面除底部管片外,监测线缆统一沿逆时针方向引设至测缝计留槽附近,底部管片监测线缆沿顺时针引设至测缝计留槽附近,测缝计监测线缆可根据线缆预设走向于管片预制时预埋。一般监测断面单片管片监测线缆位置可参照综合断面测缝计的埋设位置和线缆引设方式予以引设。管片内应预埋线缆汇聚保护盒(管),保护盒(管)口应紧贴管片模板,并固定牢固,避免管片浇筑时盒(管)倾伏移位,并做有效标识,以利于后期寻线、接线、引线。管片内电缆敷设见图 3-24。

### 3.3.4　整环管片内线缆引设

监测断面管片拼接完成后,应及时根据前期的出线口标识进行寻线并采集数据确定仪器工作状态,待土建施工干扰及制约因素较小时进行整环管片内的线缆引设。

整环管片内的线缆出线口多,每个单一管片所出的线头在整环管片内引设时应统筹优化考虑,确保引设质量和整齐美观。线缆应穿管或扣槽保护,线管或扣槽应固定牢固。为保证环形管片内线缆及后期洞轴线线缆引设统一美观,整环管片内监测线缆可统一汇聚至隧洞综合监测断面左侧腰线下方的测缝计安装位置附近,一般监测断面可参照该位置引设汇聚。出线口应采用预制管片同匹配的混凝土进行回填密实。

整环管片线缆敷设见图 3-25。

图 3-24　管片内电缆敷设

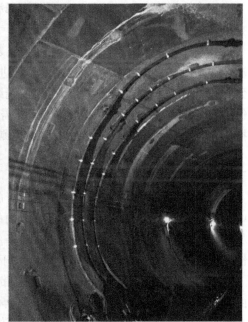

图 3-25　整环管片线缆敷设

### 3.3.5　洞轴线方向线缆引设

#### 3.3.5.1　振弦式仪器电缆引设

为提高电缆引设效率,洞轴向传输电缆媒介可采用 24 芯电缆,于环形管片监测电缆汇聚处进行电缆转接,采用特制线槽对电缆转接头进行保护。根据所需 24 芯电缆的根数选取钢管或不锈钢 U 形槽对引设电缆进行保护,钢管沿程用膨胀螺丝固定,钢管间可采用快速接头对接。监测线缆沿洞轴线方向引设见图 3-26。

**图 3-26　监测线缆沿洞轴线方向引设**

#### 3.3.5.2　光纤光栅式仪器光缆引设

根据光纤光栅式监测仪器的汇聚尾纤头数量选择合适的通道及适合工程实际的单模传输光缆,同时根据断面至引设测站的距离进行传输光缆的合理配盘,尽可能减少中间接头数。光缆可采用不锈钢线卡沿程固定。光缆进场、储存及敷设前后应定期用光时域反射仪(OTDR)进行检测,确保光缆满足工程需求,光缆引设应留有一定的冗余度,同时在对接处、终端处留有足够长度。光缆进场检测见图 3-27,洞内已引设光缆见图 3-28。

### 3.3.6　竖井内线缆引设

电缆敷设是在高落差的电缆竖井中进行的,电缆长,自重大,电缆垂直敷设过程中存在电缆产品质量、人员安全、敷设速度等方面的诸多问题。为保证安全和电缆敷设质量,应尽可能避免敷设落差过大造成电缆自由降落产生的安全隐患及影响敷设质量,结合现场情况和以往类似经验,决定采用电缆附着于稳车钢丝绳、线盘制动的方法来敷设电缆。

先将整盘电缆在竖井平台平放,并用扎带将电缆理顺捆扎,然后利用稳车及摇架把电缆由上往下输送敷设,为保证电缆尽可能不承重,每隔 7 m 左右用预制线卡将成股电缆卡定在一起下放的钢丝绳上,严格控制电缆下放速度,利用机动绞磨、人力牵引对电缆下放过程产生的重力加速度加以控制,并安排人员进行监视。电缆敷设流程见图 3-29。

图 3-27　光缆进场检测

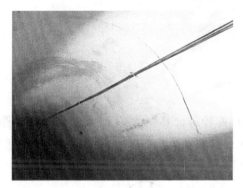

图 3-28　洞内已引设光缆

### 3.3.6.1　作业准备

**1.电缆敷设前的准备**

由于全线土建施工单位较多,施工工期各不相同,因此为了保证工期,应与土建施工方协调,确定哪些竖井具备条件,先安排这些竖井进行电缆敷设。此外,还应根据施工图纸和现场踏勘情况确定监测电缆芯数、根数、长度等,从而进行合理配盘,尽量减少中间接头,保证电缆的敷设质量。

**2.电缆的储存与运输**

竖井平台存放电缆的地方应平整、无积水,同时电缆存放应远离施工机械及车辆等,以免施工运输车辆通过时碰伤电缆。

电缆运输不应使电缆及电缆盘受到损伤,并在运输和滚动前检查电缆盘的牢固性。在电缆运输过程中,电缆盘应捆绑牢固,以防电缆盘滑动、摆动,甚至倾倒酿成事故。运输前对路径进行检查,严禁侵入设备限界。

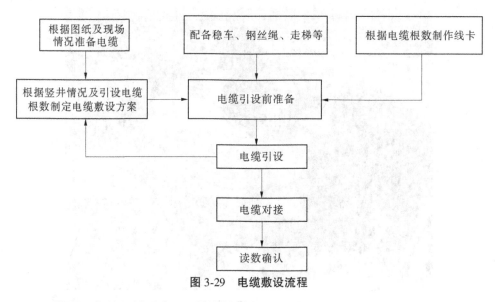

图 3-29　电缆敷设流程

### 3.3.6.2　需要配备的机械设备、工具及材料

**1. 机械设备**

稳车、汽车、摇架等。

**2. 工具**

走梯、扳手、电锤、冲击钻、对讲机等。

**3. 材料**

监测电缆、钢丝绳、扎丝、扎带、线卡、铆钉、螺栓等。其中,本工程所用的监测电缆由监测仪器厂家基康公司生产,护套由具有非延燃性的聚氯乙烯材质制成,且具有内裹的细钢丝铠装(见图 3-30),保证了电缆的阻燃性和足够的抗拉强度。

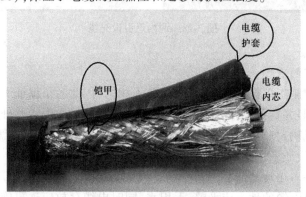

图 3-30　监测电缆剖面图

### 3.3.6.3　电缆敷设过程

**1. 理顺捆扎监测电缆**

将需要敷设并已预先计算好所需长度的监测电缆在电缆存放场依次整盘排放开(见图 3-31),拆除电缆外包装,摆放的电缆同时送放,并汇聚电缆束,每隔 30~50 cm 用扎丝

或扎带对汇聚的电缆束进行捆扎,捆扎好的电缆束(见图3-32)应避免接触锐利机械,防止电缆割破划破,同时随时检查电缆完好情况,在电缆送放过程中应保证电缆盘有序不乱,保证汇聚电缆排列整齐,少交叉。

图3-31　预先设计好需要理顺捆扎的电缆

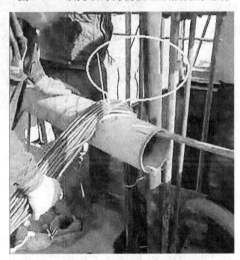

图3-32　已捆扎好电缆束

**2. 电缆头处理**

为保证电缆在竖井内顺利下引,不致碰到障碍物导致电缆束敷设受阻,电缆头应用光滑胶带缠紧压实,尽可能减少洞壁干扰。

**3. 电缆敷设**

**1)电缆固定**

采用预制好的线卡将已准备好的钢丝绳固定在待敷设的电缆上,用于在电缆向下敷设时控制电缆的敷设速率及分段承受电缆自重,使电缆承受的自重转移至钢丝绳上,防止电缆的坠落、断裂及损伤。首个线卡位置在距电缆头0.5 m附近,随电缆下放,每隔6~7 m采用线卡将电缆和钢丝绳予以固定,具体根据电缆根数、竖井深度及现场情况确定。

电缆敷设时,应敷设一股整理一股、卡固一股,避免交叉散乱。

2)电缆向下敷设

电缆随稳车控制的钢丝绳同时下放(见图 3-33),为避免电缆受拖拉而损伤,可把电缆放在摇架上,同时下放、拉引电缆的速度要均匀。为保证安全和敷设质量,下放速度控制在 7 m/min 以内,同时在下放过程中应利用对讲机做好与井下人员和控制稳车人员的沟通反馈,电缆下放至固定线卡位置时操作人员应及时安置线卡,同时应随时注意电缆的外形和外护层有无刮伤或压扁等不正常现象,以便及时采取防范措施。

**4. 钢丝绳固定**

井下人员应做好对接,将电缆下放深度随时报告井上人员,待电缆距下放位置 20 m 左右时,应放慢电缆下放速度直至下放位置。竖井顶部钢丝绳固定在井口现有的钢梁或井架墩子上,竖井底部钢丝绳固定在竖井底部的内壁上,竖井内若有悬臂梁,将中间部位的钢丝绳固定在悬臂梁上,以保证竖井内电缆的敷设质量。

**5. 电缆至井底对接**

井底电缆固定好后,清除电缆头的保护物,确认电缆完好后按预先编好的线号将电缆进行对接。

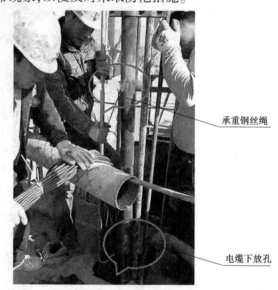

承重钢丝绳

电缆下放孔

图 3-33　电缆向下敷设

**6. 读数确认**

电缆接好后,应立即通知井口作业人员在井口进行读数,以确认仪器电缆通畅和监测数据无误。

#### 3.3.6.4　电缆敷设时的注意要点

**1. 钢丝绳下放速度**

钢丝绳下放速度应与电缆下放速度一致,保证电缆固定的平顺有序,提升敷设和线卡固定效率;由于竖井较深,线卡固定较多,钢丝绳下放应尽量缓慢匀速,控制在 7 m/min 以内;为保证安全,待电缆头距下放位置 15 m 左右时,应放慢钢丝绳下放速度直至下放位置。

**2. 线卡固定**

在电缆下放过程中,作业人员在下放电缆孔上方 0.5 m 部位进行电缆束、钢丝绳的线卡固定(见图 3-34)。卡电缆时要求施工人员要握好扳手,谨防扳手从电缆口坠落,同时要将螺栓上紧,确保线卡分别与钢丝绳和电缆可靠卡接,保证钢丝绳的有效承重。

### 3.3.7　电缆连接

隧洞主洞为有压洞,水压大,流速急,虽然大部分电缆的接头位于混凝土内,但为确保监测设施的功用发挥,仍需对振弦式仪器电缆接续予以优化和完善。基于以往洞内监测

图 3-34　电缆线卡固定

电缆接头破坏实例,电缆接头的损坏主要由外力损伤、进水受潮及酸碱腐蚀等造成,电缆对接可着重做好以下几点。

### 3.3.7.1　一般方法

本工程仪器电缆接长主要采用热缩管法,具体步骤如下:

(1)剪好仪器电缆和接长电缆,并将电缆端头护套用木锉锉毛 30 mm 长。

(2)剪一根热缩胶管(长约 250 mm)套入接长电缆,再将绝缘胶管剪成 40 mm 长,套入芯线较长的一端。

(3)每根芯线绝缘层剥去 10 mm 长,将同色芯线的铜丝交叉拧紧,然后用锡焊好。连接时保持各芯线长度一致,并使各芯线接头错开,采用锡和松香焊接,检查芯线的连接质量,焊接时严禁焊点出现毛刺。

(4)将绝缘胶管套在焊接部位,并使其处于胶管中间,用热风枪转动烘烤,使其收缩紧固。4 根芯线分别按上述方法焊接,焊接时注意使每根芯线长度一致。

(5)待屏蔽线焊接后,用热熔胶将所有芯线缠绕成整体,将长 250 mm 的热缩胶管推向接头处,并使胶管两端均匀搭在护套的热熔胶上。使用热风枪烘烤,从中间向两边进行,以排除空气。

### 3.3.7.2　接线部位连接处的绝缘处理优化

多芯电缆在接线时,应注意尽可能将各芯线的连接点互相错开位置,这样可以更好地保证线头之间的绝缘且减小接线头的截面面积,便于穿管和保护。

为了使连接部位绝缘效果最佳,接头部分可使用热缩管进行保护,且为一长一短,先将短热缩管加热收缩后再套上长热缩管,在热缩管均匀地收缩后,对内部各芯线均匀涂抹树脂胶或清漆,干燥后形成光滑保护膜,有效避免电缆外保护层破坏进水导致的电缆短路或腐蚀。

### 3.3.7.3　接线部位连接处的外保护层处理

(1)为使热熔胶和电缆外皮之间紧密结合,先使用金属锉刀对接头部位外皮进行打毛处理(见图 3-35),再对芯线接头部位和打毛部位均匀缠绕热熔胶,套上热缩管,最后用电吹风或火从中部向两端均匀加热,也可从一端向另一端均匀加热,使热缩管均匀收缩,管内不留空气,热缩管紧密地与芯线结合。

图 3-35　电缆外皮打毛处理

(2)为了使电缆在高水压情况下中间接头处得到有效保护,在接头部位的热缩管上均匀缠绕高压防水自粘绝缘胶带,再将高压防水自粘绝缘胶带上面均匀缠绕一层电工胶布。缠绕的高压防水自粘绝缘胶带比热缩管两头各长出 40 mm 以上,缠绕电工胶布的长度也要大于高压防水自粘绝缘胶带缠绕长度(见图 3-36)。

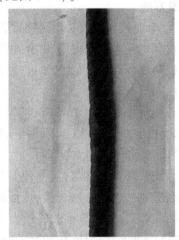

(a)缠绕电工胶带　　　　　　　　　(b)缠绕高压防水自粘绝缘胶带

图 3-36　缠绕高压防水自粘绝缘胶带与电工胶带

### 3.3.8　光缆熔接

光纤光栅式仪器接长采用光缆熔接方式,熔接步骤如下:

(1)开剥光缆,长度约为 50 mm,然后剥去光纤涂覆层。

(2)将开剥好的光缆装入夹具并用蘸酒精的无尘纸或酒精棉清洁光纤。

(3)将夹具放到高精度光纤切割刀上进行切割,然后将切割完成的夹具放到熔接机右侧。

(4)把光纤左夹具(切割端面良好的光纤)水平地放置在熔接机左定位块上,要求光纤入左 V 形槽,光纤的端面处于电极尖端和左 V 形槽边缘之间。重复上面的步骤在右 V 形槽放置另一根光纤。

(5)对待熔接的光纤预先穿入 60 mm 热缩套管,将装有制作好的光纤端面的左、右夹具分别放入熔接机,关上防风罩,即可自动完成熔接。

(6)熔接完成后,打开防风罩,把光纤从熔接机上取出,再将热缩管放在裸纤中心,放到加热炉中加热,直到指示灯变绿。

(7)将不锈钢接头推至接头处,使接头处于中间,两端采用热缩管热缩固定。但是,光缆内芯细且易折,接续工作烦琐,而且在洞内不利条件下作业,接续难度大大增加。因此,为保证光缆有序对接,应着重做好以下几点:

①剥线:接线段剥线长度应在半米以上,为接线过程中不可避免的损耗和收容盘中盘线留有充足富裕度。

②熔接判定:光缆距离长,且每个接头都会造成光缆的传输信号的损耗,基于以往工程经验,在光缆熔接过程中,熔接机显示损耗在 0.05 dbm 以内方可初步判定接续成功。

③核实确定:光缆是否接续成功最终将通过光纤光栅式仪器读数来核实确定,因此为保证接续质量,确保问题可溯,在接续前、接续后、测站内均需通过测读数据来对光缆接续进行判定,为提高效率,可采用冷接头进行快速接读判定。

## 3.3.9　小结

### 3.3.9.1　电缆引设与保护

电缆的牵引敷设可分为明敷和暗敷。本工程振弦式仪器的电缆在隧洞内衬砌,在建筑物、施工竖井内引设,根据实际情况全部采用暗敷的方式。

本工程中,监测电缆的引设以监测断面为基本单位,考虑到隧洞二次衬砌混凝土完成后要进行拱顶范围内的接缝灌浆,因此断面内的监测电缆在二次衬砌混凝土浇筑前,沿二次衬砌钢筋在该断面仰拱与侧墙部位汇集后集中引出断面。断面内监测电缆大部分采用的是 4 芯电缆,为了便于引设和降低工程造价,在监测断面和现地观测站之间采用 24 芯电缆。

考虑到隧洞内钢管不方便转弯和搬运,监测断面和现地监测站之间的 24 芯电缆采用开口波纹管进行电缆保护。走线时,先将需要的电缆沿隧洞仰拱与侧墙处引设完成,再进行开口波纹管的敷设,穿管的直径由电缆束的直径决定,但为了方便,波纹管直径一般应大于电缆束直径 4 cm。

部分施工竖井回填封堵较早,而部分监测电缆仍需从该竖井处引出至地表,这样就需要提前进行长距离电缆的预埋,对这部分距离长且需要预埋的部位,应多预埋 2~3 根电缆。

监测电缆走线完成后,利用油漆喷涂明显的电缆走向标识,加强巡视,并与多方进行沟通,确保不在后续施工中对电缆造成损坏。

管片内预埋:预制管片浇筑采用固定模具,模具安装完成后没有电缆引出的地方。鉴于此,管片内应预埋电缆盒,将监测电缆在入模前放入电缆盒内并采用胶带等封堵严实,保证管片浇筑时盒内不进浆液;由于管片结构薄且电缆较多,预埋电缆盒不宜过大,本工程采用预埋多个电缆盒的方式。待管片浇筑完成,拆模后将电缆盒内的电缆找出即可,待管片安装完成后通过 24 芯电缆接入现地监测站。

### 3.3.9.2　光缆引设与保护

本工程光缆仅用于连接彭家坪支线隧洞的光纤光栅式仪器,彭家坪支线隧洞为无压洞,因此采用拱顶线架明敷方式。本工程中监测断面内的光缆采用单芯单模铠装光缆,断面与现地监测站之间采用 12 芯主干光缆连接。

监测断面的传感器引出尾纤至拱顶处集中,然后通过分路器连接 12 芯主干光缆,并接入现地监测站。光缆线路的保护包括两部分:一是监测断面到现地监测站之间的主干光缆;二是传感器引出尾纤到监测断面集中处。主干光缆在二次衬砌混凝土浇筑完成后采用拱顶线架方式保护,断面内光缆采用单芯单模铠装光缆,可以直接埋设在混凝土中。

运行期间,该洞段为无压洞,水面线离拱顶有 30~40 cm,主干光缆以明线方式敷设,为降低光缆线路光损,提高监测系统的可靠性,从监测断面到测站处尽量要采用整根光缆。

本工程衬砌采用全断面施工,应将各个监测仪器的尾纤统一引至拱顶预埋线盒内保护,保护盒空间应能维持光缆一定的拐弯半径,保证尾纤在盒内平稳过渡,从而降低光损,提高系统的可靠性。

对有压隧洞,监测断面仰拱部位宜预埋木箱临时保护尾缆。每个监测断面一般安装有多个内部监测仪器,一个断面按照 5 个应变计、8 个钢筋计、4 个渗压计考虑,则将有 30 根尾缆引出,在混凝土衬砌浇筑期间保护这么多尾缆且确保测量端部的 FC/APC 端子的清洁,有一定的难度。将测量端子引入预埋在仰拱部位的木箱,用土工布或膨胀泡沫封堵密封,在模板台车移走后揭出木箱,就可以有效解决尾缆在该部位的保护问题。后期施工时,主干光缆与断面监测仪器尾缆熔接时的断面接线保护盒可以安装在前期预留的空间内再回填混凝土。

# 第 4 章　动态监测实施关键技术研究

　　长期以来,水下岩塞爆破的把控与评价主要采用埋设监测仪器、振动测点、冲击波测点的方式来实施,通过对岩塞爆破振动进程中质点振动(加)速度和冲击波测点压力测值、爆破前后监测仪器的测值分析比较来评判岩塞爆破效果。但水下岩塞体处在由深埋深、高外水压、复杂地质条件及多工种交叉构成的极不利施工环境中,且爆破前准备工序涉及钻孔、装药、封堵及联网等工序,作业复杂且不安全因素极多,稍有不慎极有可能造成大的安全事故,同时起爆前所有人员须全部撤离,岩塞体的工程环境无人知晓的情况给岩塞爆破成功增添威胁,岩塞体爆破瞬间的宝贵影像又是评价爆破效果和指导类似工程的基础,更为重要的是,岩塞爆破极短时间内建筑物结构性态的变化是综合评判建筑物安全与否的关键,而这些也是水下岩塞爆破监控有效实施的基础,当前现有的工程手段并不能满足全方位、全过程综合监控的工程需求。基于此,本书拟在前人所做的各项工作的基础上,围绕水下岩塞爆破的综合监控这一问题展开研究,以期对水下岩塞爆破良性实施提供参考。

　　水下岩塞爆破分为 3 种方法,即洞室爆破法、钻孔爆破法、洞室与钻孔相结合的方法。这 3 种方法在国内外工程中均有成功实施的工程实例,实际施工过程中可基于工程规模、施工条件、设备及人员投入等各种因素综合比较后选定和采用。无论哪种岩塞爆破方式均会对爆源附近围岩、已建工程结构、民房、桥梁及附近水域等造成影响甚至导致大的工程危害。为了解水下岩塞爆破的特点,明晰岩塞爆破振动对岩塞体附近构筑物的影响程度,有必要对水下岩塞爆破实施监控。现有的水下岩塞爆破监控方法偏重于测,具有以下特点:

　　(1)不能对水下岩塞爆破实施全过程监控,同时不能对岩塞爆破过程实施全方位精准清晰捕捉。

　　由于实施爆破的岩塞体多处于水下几十米甚至上百米,工程性态和施工工艺极为复杂,岩塞体爆破所用炸药量巨大,炸药运送中不安全因素极多,同时水下岩塞爆破涉及钻孔、装药、联网等复杂工序,存在多工种交叉作业的可能,岩塞爆破作业的安全把控显得尤为重要,同时受岩塞体位置制约,岩塞爆破工人作业面亦在大埋深的地下,受现场条件所限,工人的爆破作业情况很难把握跟踪,对安全施工构成极大威胁。为安全起见,起爆控制点距离岩塞爆源较远,全部人员及设施撤场至起爆这段时间水下岩塞情况处于未知状态,对爆破成功构成较大威胁,同时岩塞体处于高外水压的深埋地下,工程环境恶劣且爆破持续较短,作为综合评价水下岩塞爆破效果的爆破影像资料获取极难,现有的常规方法不能满足水下岩塞爆破对施工作业和岩塞体工况的全过程监控,同时也不能全方位精准清晰地对岩塞爆破过程实施影像捕捉。

　　(2)不能对工程物理量进行实时动态监控,不能实现对爆破进程中反映工程破坏的物理量异常突变即时捕获和工程险情及时预报。

水下岩塞爆破导致的工程物理量变化是评价爆破对工程结构影响的关键资料,同时是综合评判岩塞爆破的基础。实施水下岩塞爆破的工程多处于施工期,作业条件恶劣,受条件所限,工程物理量多以人工测读方式获取,考虑到爆破安全,该种方法存在效率低和时间间隔长的弊端,且常规方法中的自动化方式与人工方式相比,虽提升了物理量获取的效率,但与爆破持续极短时间相比,间隔时间仍相对很长,从根本上说仍属于物理量的静态采集。水下岩塞爆破具有爆破能量大、持续时间极短的特点,工程物理量可能在爆破瞬间就已发生威胁安全的异常突变,工程设施的破坏亦可能发生在爆破瞬间的某个时间点,同时爆破极短时间内物理量的变化情况亦是评价岩塞爆破对工程设施影响状况的关键资料,而现有的常规方法并不能满足在岩塞爆破进程中工程物理量的实时动态监控,同时不能对岩塞爆破进程中可能出现的反映工程破坏的物理量异常突变即时捕获和工程险情及时预报。

(3)在性态感知、信息衔接及长期融合等方面关注较少,不能满足工程信息化发展需求。

常规的岩塞爆破监控技术多聚焦于岩塞爆破工程影响评价,在性态感知、信息衔接及长期融合等方面关注较少,而当前水利工程在国家信息化发展步伐日益加快的背景下,正处在大数据、云平台、物联网及智慧感知等新技术的高速发展时期,现有的水下岩塞爆破监控方法已满足不了工程建设的需要和工程综合评判的需求,亟须建立融性态感知、通信传输及决策应用于一体的监控系统,既服务于水下岩塞爆破本身,又能够为后期工程良性运行提供支持。

综上所述,结合水下岩塞爆破的特点,在常规监控方法的基础上进行优化、完善,提出一种融视频监控、结构动态采集、物理量变化、振动效应及冲击波于一体的监控方法,对水下岩塞爆破实施综合监控。主要研究内容如下:

(1)实现岩塞爆破作业和岩塞即时工况的可知、可控。

(2)实现对水下岩塞爆破过程影像的全方位精准清晰捕捉。

(3)实现在岩塞爆破持续极短时间内结构性态的实时掌控和结构性态变化关键节点的捕获。

(4)实现岩塞爆破导致的振动对工程及周边设施的影响评价和冲击波超压情况的掌握。

(5)实现与信息化融合,并与后期工程自动化兼容,为水下岩塞爆破和工程良性运行做好全程服务。

# 4.1　监控项目

基于兰州市水源地建设工程取水口水下岩塞爆破特点,为有效实施岩塞爆破综合监控,确保水下岩塞爆破的安全实施和有效评判,特选定以下监控项目:

(1)视频监控及影像采集系统。

(2)建筑物结构动态监控。

(3)爆破振动效应监测。

(4)水中冲击波测试。

# 4.2　视频监控系统

为综合把控爆破作业质量和岩塞实时工况,同时全方位捕获岩塞爆破过程影像,特建立融合井下视频和表观视频的综合视频监控系统(见图4-1)。

## 4.2.1　井下视频采集

基于取水口岩塞爆破工程实际,为有效克服井下潮湿、多水雾、无光源及能见度低的极不利环境,保障长期不利工况下视频系统工作性能,尽可能减少岩塞爆通时瞬时水压力对系统的损害,消除岩塞装药、联网过程的电火花或漏电隐患,确保实时监控有效实施和爆破成功捕获,经综合比较,井下视频采用400万像素高清专业防爆枪机摄像头,在摄像头自身红外基础上再一对一配备低电压LED自感应光源,确保工作效果。为保证监控和

**图 4-1　视频监控系统组成**

采集效果,井下视频系统共配备4个摄像头:岩塞体附近左右两侧各布设1个,聚渣坑与水平洞段接触处布设1个,取水口竖井下方布设1个(见图4-2、图4-3)。摄像头安装位置应高

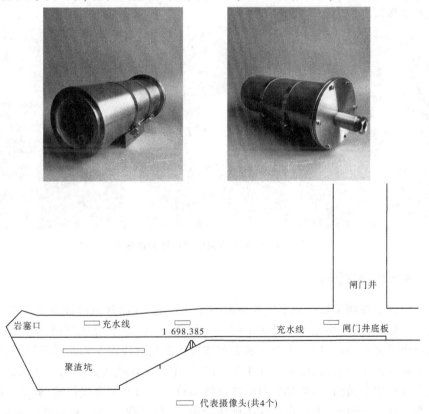

**图 4-2　防爆摄像头和井下摄像头安装位置**

于充水线,以不受充水影响为前提。为保证井下用电安全,摄像设备电源供电采用 220 V 转 12 V 的方式,每个摄像头单独供电,并切实做好防水,建筑物内信号线和电源线做好保护。

图 4-3　取水口井下安装的高清防爆摄像头

### 4.2.2　表观视频采集

表观视频是对水下岩塞爆破导致的附近水域翻涌、鼓包和色变等综合效应及周边岩体可见振动的精准清晰捕捉,它对摄像头布设位置和摄像性能要求都非常严格。为保证表观视频效果,经现场多次实地踏勘和多方综合比较,选定具有云台远程操作功能的 400 万像素高清高速球机摄像头(见图 4-4)作为表观视频采集元件,在岩塞体河对岸边坡布设 2 套,从全局角度对岩塞爆破过程实施影像捕获,在岩塞体附近边坡布设 1 套,以近距离采集岩塞爆破水域爆况。

图 4-4　洞外表观高清高速球机摄像头

### 4.2.3　视频信号传输

取水口井下视频采集与取水口井顶部的距离较远,且需穿管过潮湿多水的平洞段和垂直向上的竖井段,环境复杂且干扰因素多(见图 4-5),井下视频高清实时传输难度较大。根据爆破需求,取水口井下视频和表观视频均需实时传输至岩塞爆破指挥部,指挥部距离井下视频汇聚点较远,现场存在土坡、简易民宅及高压线等遮挡物。球机摄像头安放位置与爆破点隔着黄河,山坡起伏且距离指挥部较远。若采用有线传输,势必会增加大量的挖沟布线作业,增加成本且存在线缆破坏隐患,不利于视频信号的高效保真延续传输。因此,视频信号传输方式的优化选择是保证视频监控成效的关键。

图 4-5　爆源周边及井下环境

### 4.2.3.1　井下视频至竖井 1803 平台

为保证影像传输质量和有效调试维护,结合工程实际在竖井 1803 平台设立调试维护点,同时综合考虑井下实际情况、工程需求等因素,井下视频传输至井口 1803 平台采用有线传输方式。受自身电阻和电容的影响,常规的双绞线传输距离有限,即使是性能优越的六类线,在正常环境下的传输距离也不能超过 100 m,若要长距离传输必须有交换机等设备支持,但又不可避免地导致信号损耗。井下环境恶劣,双绞线有限传输距离更小,更容易导致信号的衰减和畸变,不能满足视频传输需求。而光纤媒介具有稳定性好、传输距离远、抗干扰能力强等优势,能够有效克服井下不利环境,保证视频信号传输质量,同时考虑到传输距离及井下视频质量,井下视频采集点均采用单模光纤媒介传输至竖井 1803 平台汇聚点。布设光纤走线在平洞段位于充水面以上,并紧贴洞壁,在竖井段沿预埋的退水管向上引设,同时保持线缆固定牢靠和适当松弛,确保传输通道畅通完备。岩塞井下视频传输要求传输通畅、便于调试维护且工作性能稳定,同时井下光缆汇聚至平台后,光信号需要转换成电信号才能进行调试维护,基于此,采用具有耗能少、超低时延传输、操作便捷、传输距离域广、可靠性高及成本低等优势的光端收发器,以实现传输的光信号至电脑连接电信号的转换,同时为视频下一步传输提供保证。平台视频调试和汇聚点见图 4-6。

图 4-6　平台视频调试和汇聚点

### 4.2.3.2　井下视频和表观视频传输至岩塞爆破指挥部

受外部环境和工程条件限制,井下视频和表观视频传输至岩塞爆破指挥部均不具备有线传输条件,基于此,视频信号传输采用无线方式。为保证岩塞爆破全过程实时监控的有效实施和爆破过程影像的全方位精准采集的实现,结合工程的特点,无线视频传输应能够有效克服土坡、民房及高压电等不利因素的干扰,满足安全性、可靠性、可维护性和可拓展性等原则。

目前常见的无线传输方式主要有以下几种:①GPRS、CDMA、3G 及 4G 等公众移动网络;②用于应急突发事件的专用图像传输技术;③WiMAX 点对多点的无线接入技术。但这3 种方式都不同程度地存在资源利用率高、布设和运营成本高及运行维护复杂等特点,与水下岩塞爆破的工程特点和需求不吻合,无线网桥是近期发展起来的一种新型的无线传输设备,其利用空气作为媒介,以微波形式传输视频信号,可以实现千米级别的数据高速通信,且组网链路设计简单灵活、维护方便,终端数据无须配置,自动生成,同时大功率无线网桥的传输带宽可以达到几百 Mbps,能够很好地满足视频信号传输。基于此,井下视频和表观视频传输至岩塞爆破指挥部采用无线网桥组网的方式进行。其中,井下视频传输光纤与光端收发器连接后,光端收发器作为下一级信号传输的发送端通过 RJ45 接口与大功率无线网桥连接,将井下视频传输至指挥部接收端;表观视频由于采集点分散,每一组球型采集点直接通过 RJ45 接口与大功率无线网桥连接,将表观视频传输至指挥部对应接收端。

综上所述,岩塞爆破视频传输采用有线和无线结合的方式实施,其中井下视频传输至竖井平台采用光纤和六类网线结合的方式实施,井下视频和表观视频传输至岩塞爆破指挥部采用无线网桥组网的方式实施。视频传输方式说明见表 4-1,视频信号传输拓扑图见图 4-7,无线网桥安装见图 4-8。

表 4-1　视频传输方式说明

| 视频采集点 | 构成 | 传输方式 | 说明 |
|---|---|---|---|
| 井下视频 | 4 套枪机摄像头 | 有线+无线 | 井下作业质量管控和安全防控,爆破过程影像采集 |
| 表观视频 | 3 套球机摄像头 | 无线 | 爆破过程影像采集 |

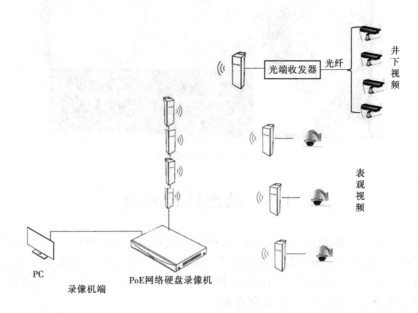

图 4-7　视频信号传输拓扑图

图 4-8　无线网桥安装

## 4.2.4　终端显示

为保证视频传输和显示效果,在爆破指挥部采用海康威视的专用 50 寸监视器作为视频终端显示设备,在竖井平台和爆破指挥部分别安放 1 台工程专用硬盘录像机,保证对岩塞爆破过程和作业关键节点的实时摄录,同时可以利用视频软件通过指令实现对云台球机的旋转、放大及焦距调整和视频的压缩、拷贝等的管理操作。终端显示效果见图4-9。

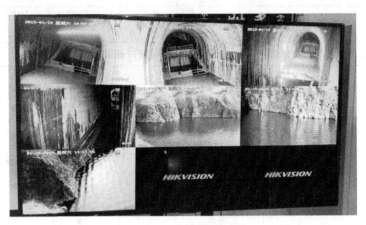

图4-9　终端显示效果

# 4.3　动态监控系统

取水口水下岩塞爆破共分25响,最长持续时间约597 ms,单响最大装药量约58.48 kg,爆破过程中建筑物结构性态变化是把控工程安全、评析爆破影响效果的关键,工程性态的动态监控基于岩塞爆破进程中的实时监测数据,以实现对建筑物遭遇爆破影响时关键物理量变化节点的捕获和工程安全的把控。

取水口已安装的结构传感器均为振弦式,且岩塞爆破持续时间极短,要求数据采集设备需与振弦式无缝兼容,同时设备采集频率满足动态实时监控需求,并且设备性能稳定性好,能够实现大容量存储及多通道显示等需求。基于此,经综合比较,选取世界知名厂家美国坎贝尔公司生产的CR6型设备和CDM-VW305型号采集模块组成的动态采集系统,对取水口建筑物结构应力应变进行爆破过程中的动态监控,该监控系统采集频率为1~333.3 Hz,能够实现真正意义上的动态数据采集,是世界上真正的动态振弦接口,且在取水口水下岩塞爆破过程中的应用属我国大型岩土工程首次应用。

## 4.3.1　CDM-VW305动态振弦模块

动态振弦测量采集模块是美国坎贝尔公司生产的CDM-VW305型号采集模块(见图4-10),该模块用于测量标准单线圈电路的振弦传感器,可用于应变传感器、载荷传感器、压力传感器、裂缝测量仪和倾斜仪等的数据测量,动态测量速率为1~333.3 Hz,即每秒单通道采集频率可达333次,具有8个振弦通道,可以实现多通道同步实时测读,采用CAN总线与CR6数据采集器连接,同时可以根据自带的CPI接口实现模块通道扩展,以满足不同工程需求,并且该模块为世界上真正的动态振弦接口,适用传感器测量速度为1~333.3 Hz的应用,能够实现岩塞爆破过程中数据的实时快速采集。

振弦式传感器输出信号为内置钢弦的自振频率,振弦频率的传统测量方法通过时间序列进行传感器的频率测读,而此时测读的信号往往是噪声与有效信号(自振频率)的叠

**图 4-10　CDM-VW305 型号采集模块**

加(见图 4-11),并不是传感器自身的自振频率,而 CDM-VW305 型号采集模块内置的动态振弦测量 VESPECT 可以将传感器输入的融合噪声与有效信号的叠加进行傅里叶变换,并进行频谱分析,去除噪声信号,从而实现对可接受频率范围内传感器自身频率信号的甄别(见图 4-12),确定传感器实际工作频率,保证数据采集精度和准确度,为水下岩塞爆破结构动态监控效果提供保证。

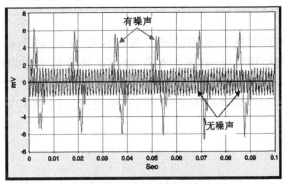

**图 4-11　传统测读信号**

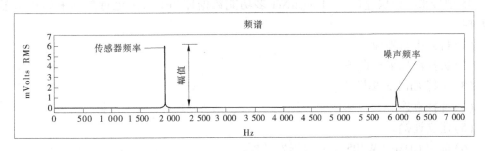

**图 4-12　VESPECT 频率甄别**

### 4.3.2　CR6 采集模块

CR6 采集模块(见图 4-13)具有体积小、运行速度快、易携带、操作方便等特点,具有更高的模拟输入精度和分辨率,且内置了专门为保证振弦式传感器最佳测量品质的 VSPECT 模块,保证了岩塞爆破进程中结构性态数据的采集质量,同时该模块不仅支持振弦信号,还兼容模拟电压信号(单端或差分)、电阻桥、脉冲信号、激发电压、激发电流等多种传感器信号,可利用推广度高,同时该模块支持 10/100 M 以太网,可以实现数据的实时传输。

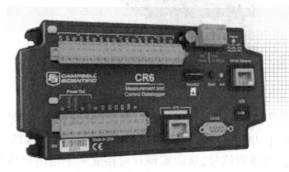

**图 4-13　CR6 采集模块**

### 4.3.3　动态监控平台

结合岩塞爆破工程实际和采用的动态振弦模块特点,动态监控平台采用配套的 LoggerNet 多功能数据控制平台,该平台拥有 40 年产品研发过程的技术沉淀,采用独特的安全控制技术,程序运行采用二进制编码,导入与导出均经软件二次编译,确保程序不能为第三方查看或运行,同时该平台内置安全管理模块,对用户进行安全级别管理,确保设备与程序的操控安全。

### 4.3.4　实施过程

将振弦式传感器连接至 CDM-VW305 型号采集模块,然后将 CR6 采集模块和 CDM-VW305 型号采集模块连接,在 LoggerNet 多功能数据控制平台上进行数据采集和动态实时监控。

(1)打开平台界面。

(2)选择添加采集设备。

(3)选择 CR6 采集模块。

(4)选择直连。

(5)建立连接。

(6)选定 CDM-VW305 型号数据发送模块。

(7)设置完成。

(8)连接数据,选取在线曲线显示。

(9)选择显示通道。

（10）在线实时动态监控。

动态监控系统现场应用见图 4-14。

图 4-14　动态监控系统现场应用

# 4.4　振动效应测试

取水口岩塞爆破过程中的振动监测是指通过布置振动速度传感器对振动过程中的取水口质点振动速度进行采集。振动监测主包括取水口建筑物振动监测、衬砌混凝土振动监测、大地振动影响监测、桥梁和民房等已有建筑物振动影响监测。

## 4.4.1　取水口建筑物振动监测

基于工程实际，并结合布设在结构内的测点布置情况进行岩塞爆破的振动测点布置。选取 1 700 m、1 760 m 及 1 803 m 3 个高程部位作为取水口建筑物振动监测断面，在监测断面安装振动速度测点，与原有的结构内监测点结合，共同对岩塞爆破过程中的取水口工程性态实施监测。

## 4.4.2　衬砌混凝土振动监测

结合布设在取水口上游段衬砌结构中的测点布置情况进行岩塞爆破过程中衬砌混凝土的振动监测，选取 GW0-116.060、GW0-094.560、GW0-064.560 及 GW0-015.560 作为取水口上游段振动监测断面，在监测断面安装振动速度测点，与原有的结构内监测点结合，共同对岩塞爆破过程中的衬砌混凝土性态实施监测。

## 4.4.3　大地振动影响监测

为评判岩塞爆破中大地的振动情况，在洞室轴线的外部坡体布设 3 个振动测点，监测岩塞口附近的坡体质点振动速度情况。

## 4.4.4　已有建筑物振动影响监测

### 4.4.4.1　桥梁振动影响监测

为充分把握取水口岩塞爆破对周边建筑物的影响情况，特在距离岩塞爆破点约 400 m 处的祁家黄河大桥桥墩处布设 1 个振动速度测点，监测大桥的振动影响（见图 4-15）。

图 4-15　祁家黄河大桥

#### 4.4.4.2　民房振动影响监测

为明晰取水口岩塞爆破对周边民房的影响情况,特在距离岩塞爆破点约 400 m 处的信汇生态酒店处布设 1 个振动速度测点,监测民房的振动影响(见图 4-16)。

图 4-16　信汇生态酒店

### 4.4.5　振动传感器选型

类似爆破施工监测结果表明,爆破所产生的频率范围多在 0~70 Hz,个别高达 90 Hz,均在 100 Hz 以内。因此,在选择爆破监测观测系统时应充分考虑这一因素,频带范围选择应覆盖这一范围。目前,国内测振仪型号较多,基于兰州水源地取水口岩塞爆破的工程实际,并经多方对比分析,采用成都交博科技有限公司生产的 L20-S 爆破测振仪。该设备提供 3 个通道、24 位 A/D 和 100 K 采样率的信号记录,拥有目前业界最高水平的幅值和时间精度,不仅支持三分量的速度/加速度同步测试,还提供了多种信号记录模式,可满足不同振源的监测需求,且用户界面好,操作方便,可靠便携,可以实现无人值守,能够完全满足此次岩塞爆破振动相应监测需求。取水口爆破速度传感器安装图见图 4-17。

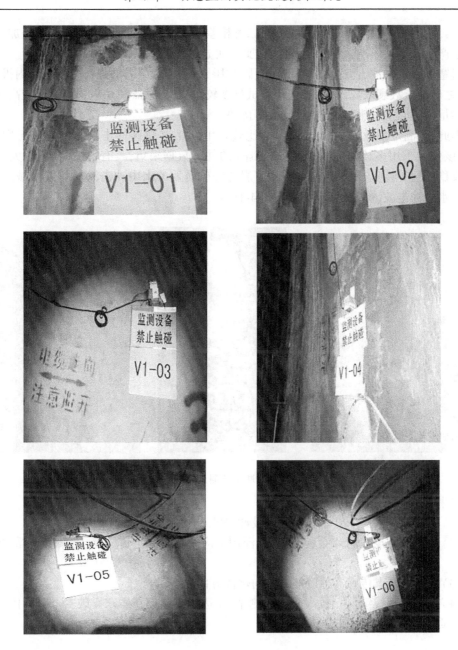

图 4-17　取水口爆破速度传感器安装图

# 4.5　冲击波测试

岩塞爆破后产生的空气冲击波,与装药量($Q$)和爆破指数($n$)以及隧洞结构尺寸等因素有关,冲击波压力随着传播距离增加而逐渐衰减。本书岩塞爆破为岩石孔内装药,炸药能量转化为空气冲击波的较少,即空气冲击波对大坝的影响也较弱,其影响范围也远小于地震波和飞石,一般可以不考虑冲击波对大坝的影响。此外,空气冲击波的传播速度为

340 m/s,地震波一般为 4 500 m/s 左右,二者相差较大。因此,两种动荷载不易叠加,对结构不会产生破坏性影响。基于工程实际,此次冲击波测试只针对水中冲击波进行。

岩塞爆破水中冲击波持续时间极短、瞬时压力大、峰值压力均是在微秒级别内极速形成的,之后呈指数衰减规律极速下降,测试难度较大,对传感器和采集系统要求较高,应具备存储量大、动态响应好且测量频率大等优势。

因此,为满足采样测试需求,经综合比较采用 L20-P 爆破冲击波监测仪进行冲击波测试,该仪器采用多核高速处理器、20 Msps 的并行数据采集,具有精度高、量程大、界面优化及稳定性等特点,能够满足评定水下岩塞爆破诱发的水中冲击波对邻近水域的超压情况。水中冲击波测点安装及测试见图 4-18。

**图 4-18　水中冲击波测点安装及测试**

水中冲击波测点安装方法如下:

(1)在检测点水面下方 80 cm 处布设冲击波观测点。

(2)每个观测点使用浮漂置于水面,浮漂上应用支架固定传感器,支架立于浮漂下方固定。

(3)各个观测点传感器感应部位指向爆源方向。

(4)各观测点线缆统一拉入岸边观测站,岸边观测站设在岩塞爆破安全范围内,在保证采集质量的同时,确保安全。

## 4.6　水下摄影

爆破后水下岩塞体的实时工况是评价岩塞爆破效果的基础,也是明晰工程性态,确保通水安全的关键,因此,对岩塞爆破后进行水下摄影非常必要。取水口岩塞爆破水下摄影项目主要检查以下内容:

(1)岩塞体爆破是否完全爆通。

(2)岩塞口产状。

(3)爆破后岩塞口周边岩石稳定的情况。

（4）岩塞口附近周边洞壁完整情况及聚渣坑内情况。

（5）闸门井内水域及结构情况。

（6）闸门井至拦污栅段爆渣堆积情况。

基于兰州市水源地岩塞爆破工程实际和类似工程经验,特选用 LB-18 水下机器人（见图 4-19）作为此次兰州市水源地建设工程取水口岩塞体水下检测的检测设备,对岩塞口区域和闸门井区域进行摄像,其具体指标见表 4-2。

图 4-19　LB-18 水下机器人

表 4-2　LB-18 水下机器人技术指标

| 项目 | | 技术指标 |
| --- | --- | --- |
| 尺寸/重量 | | 58 cm×40 cm×30 cm/20 kg |
| 摄像头/镜头 | | SONY 800 万像素 1 080 P 低照度芯片,最低 0.3 lx;内置云台,90°俯仰角度,自动光圈 |
| 显示器 | | 14 英寸高分辨率超亮彩色显示器,各项参数视频叠加 |
| 照明 | | 4 只 1 500 lm 高亮度水下 LED 灯,亮度都可调 |
| 推进器 | | 垂直推进器:2×700 W 水平推进器:4×700 W,矢量分布 |
| 工作深度 | | 300 m |
| 颜色 | | 黄色,黑色 |
| 电源 | | 电池:6S Lipo, 38 000 mAh |
| 脐带缆 | 芯线 | 8 芯电源线脐带缆 |
| | 长度 | 100~500 m,可选更长的脐带缆 |
| | 直径 | 8 mm |
| | 浮性 | 淡水中零浮力 |
| | 断裂强度 | 150 kg |
| | 脐带缆收放系统 | 绞线盘 |

　　取水口岩塞体爆破工程主要对岩塞口区域和闸门井区域进行摄像,岩塞体区域检测范围为岩塞体至聚渣坑段,实施方式为机器人先从岩塞口外侧对岩塞口进行总体摄影检测,然后由岩塞口进入洞内对洞内情况进行检测。岩塞体水域现场作业见图 4-20。

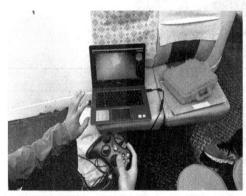

**图 4-20　岩塞体水域现场作业**

　　闸门井区域摄影主要包括对闸门井至拦污栅段的水下情况进行摄影检测,现场采用手摇绞线盘吊装方式利用 2 mm 钢丝绳承重,将机器人逐步下放至闸门井内,由于闸门井内淤泥较多,水下机器人进入后视线受阻,因此在闸门井内采用反复巡游的方式确定闸门井内水下情况。闸门井 1803 平台现场作业见图 4-21。

图 4-21　闸门井 1803 平台现场作业

# 第 5 章　工程评价

## 5.1　基于静态监测数据的工程评价

### 5.1.1　观测及资料整理

#### 5.1.1.1　观测频次

目前,兰州市水源地建设工程各类安全监测仪器已全部安装完毕,数据观测频次见表 5-1、表 5-2。

表 5-1　施工期主要监测设施观测频次

| 序号 | 监测项目 | 监测设施 | 正常观测频次 | 说明 |
|------|----------|----------|--------------|------|
| 1 | 围岩内部变形 | 多点位移计 | 1 旬 1 次 | |
| 2 | 渗流监测 | 渗压计 | 1 月 2 次 | |
| 3 | 应力应变监测 | 应变计 | 1 月 2 次 | |
| | | 无应力计 | 1 月 2 次 | |
| | | 钢筋计 | 1 月 2 次 | |
| | | 土压力计 | 1 月 2 次 | |
| | | 锚杆测力计 | 1 月 2 次 | |

表 5-2　充水试验期间主要监测设施观测频次

| 序号 | 监测项目 | 监测设施 | 正常观测频次/(次/d) | 说明 |
|------|----------|----------|---------------------|------|
| 1 | 围岩内部变形 | 多点位移计 | 1~3 | |
| 2 | 渗流监测 | 渗压计 | 1~3 | |
| 3 | 应力应变监测 | 应变计 | 1~3 | 观测频次依据《水工隧洞安全监测技术规范》(SL 764—2018) |
| | | 无应力计 | 1~3 | |
| | | 钢筋计 | 1~3 | |
| | | 土压力计 | 1~3 | |
| | | 锚杆应力计 | 1~3 | |

外部变形观测设施主要有工作基点、沉降标点等,沉降观测采用几何水准测量方法进行,按二等水准要求施测。

内观监测仪器主要有渗压计、应变计、钢筋计、土压力计、测缝计、锚杆应力计及无应力计等。内观监测仪器为现地埋设的振弦式仪器和光栅式仪器,仪器线缆均已就近引入对应监测站,观测时一般只需在监测站集中进行,监测数据采用与所测仪器对应的便携式读数仪进行读取,部分实现接入自动化的监测设施采用自动采集。

### 5.1.1.2　数据录入

目前,数据录入存储主要采用 Excel 的方式。现场采集的数据采用人工录入或自动化软件导入的方式存入计算机,导入完毕后进行初步校核,确保数据的可靠性和真实性;外观数据通过水准仪自带的导入软件导入计算机,导入完毕后进行校核,定期汇总,保证数据的可靠性与真实性。

## 5.1.2　基准值确定

### 5.1.2.1　土压力计

对于埋设于土基或侧墙部位的土压力计,仪器安装后,埋设仪器以砂垫层回填后的测值为基准值。对于埋设于隧洞衬砌与围岩间的或基岩上的土压力计,待回填砂浆终凝后(或 24 h 后)测基准值。

### 5.1.2.2　渗压计

对于埋入式渗压计:当安装位置有水时,以安装前零压力下的测值为基准值;无水时,以安装后仪器实测温度与周围环境温度一致时的测值为基准值。

对于钻孔中的渗压计:当钻孔中有水时,渗压计入孔并置于水面之上 0.5 m 范围内,待温度测值稳定后测基准值;当钻孔中无水时,渗压计入孔于设计位置,待温度测值稳定后测基准值。

### 5.1.2.3　埋入式钢筋计、应变计、无应力计、测缝计

当材料强度达到使仪器与材料同步变形时,一般应以混凝土浇筑后 24 h 的测值为基准值。

### 5.1.2.4　锚索测力计

仪器就位后,以未施加荷载的测值为基准值。

### 5.1.2.5　测斜管、位移计

土体钻孔中在安装这类仪器时,钻孔回填后 7 d 测基准值。

岩石钻孔中,安装位移计时,灌浆回填后 24 h 测基准值。

安装测斜管时,回填灌浆后 7 d 测基准值。

### 5.1.2.6　外观标点、基点

混凝土建筑物上沉降标点在安装完成 24 h 后尽快读取基准值。

渠道上沉降标点、位移标点、基准点在安装完成 1 周后尽快读取基准值。

### 5.1.3　物理量计算方法

经检验合格的监测数据,换算成监测物理量,如位移、应力、应变和温度等,当存在多余监测数据时,先做平差处理,再换算成物理量,换算按厂家说明书提供的公式计算。

#### 5.1.3.1　渗压计渗透压力计算

振弦式渗压计渗透压力计算公式如下:

$$P_i = G(R_i - R_0) + K(T_i - T_0) \tag{5-1}$$

式中:$P_i$ 为渗压,kPa(或 MPa);$G$ 为仪器系数,kPa/kHz$^2$(或 MPa/kHz$^2$);$K$ 为温度系数,kPa/℃(或 MPa/℃);$R_0$ 为初始频率模数,kHz$^2$;$R_i$ 为当前频率模数,kHz$^2$;$T_0$ 为初始温度,℃;$T_i$ 为当前温度,℃。

光栅式渗压计渗透压力计算公式如下:

$$P = G_P[(\lambda_1 - \lambda_2) - (\lambda_{10} - \lambda_{20})] + KG_T[(\lambda_1 + \lambda_2) - (\lambda_{10} + \lambda_{20})] \tag{5-2}$$

式中:$G_P$、$G_T$ 为直线系数;$K$ 为温度系数;$\lambda_1$、$\lambda_2$ 为光栅当前波长值,nm;$\lambda_{10}$、$\lambda_{20}$ 为光栅初始波长值,nm。

#### 5.1.3.2　应变计实测应变计算

混凝土应变计算公式如下:

$$\varepsilon = G(R_i - R_0) + K(T_i - T_0) \tag{5-3}$$

式中:$\varepsilon$ 为应变,$\mu\varepsilon$;$G$ 为仪器系数,$\mu\varepsilon$/kHz$^2$;$K$ 为温度系数,$\mu\varepsilon$/℃;$R_0$ 为初始频率模数,kHz$^2$;$R_i$ 为当前频率模数,kHz$^2$;$T_0$ 为初始温度,℃;$T_i$ 为当前温度,℃。

应变计埋设部位有配套无应力计时,应变计物理量计算亦采用上述公式,其中 $K$ 取 12.2 $\mu\varepsilon$/℃,计算结果为混凝土总应变。计算混凝土应力应变时需扣除相应无应力计计算值。

应变计埋设部位无配套无应力计时,应变计物理量计算采用上述公式时,$K$ 取 1.8 $\mu\varepsilon$/℃,计算结果仅为荷载作用下混凝土应力应变(忽略干湿变形、自生体积变形、徐变变形引起的应变)。

无应力计应变计算采用式(5-3),$K$ 取 12.2 $\mu\varepsilon$/℃,计算结果为混凝土自由应变。计算混凝土应力时,利用应变计测值减去附近无应力计测值,即得到该部位混凝土因应力作用产生的应变,通过弹性模量及相关计算公式可以得到该部位的混凝土应力值,由于混凝土结构在振捣及水化热散失过程中温度、湿度、外力等因素影响,仪器测值可能与实际存在误差,测值仅供参考。

光栅式应变计实测应变计算公式如下:

$$\varepsilon_{总} = K(\lambda_1 - \lambda_0) + B(\lambda_{t1} - \lambda_{t0}) \tag{5-4}$$

式中:$\varepsilon_{总}$ 为应变,$\mu\varepsilon$;$K$ 为应变计应变系数,$\mu\varepsilon$/nm;$B$ 为传感器温度修正系数,$\mu\varepsilon$/nm;$\lambda_1$ 为应变光栅当前波长,nm;$\lambda_0$ 为应变光栅初始波长,nm;$\lambda_{t1}$ 为温补光栅当前波长,nm;$\lambda_{t0}$ 为温补光栅初始波长,单位 nm。

#### 5.1.3.3　土压力计压力计算

土压力计算公式如下:

$$P_i = G(R_i - R_0) + K(T_i - T_0) \tag{5-5}$$

式中：$P_i$ 为土压力，kPa；$G$ 为仪器系数，$kPa/kHz^2$；$K$ 为温度系数，kPa/℃；$R_0$ 为初始频率模数，$kHz^2$；$R_i$ 为当前频率模数，$kHz^2$；$T_0$ 为初始温度，℃；$T_i$ 为当前温度，℃。

光栅式土压力计算公式如下：

$$P = G_P[(\lambda_1 - \lambda_2) - (\lambda_{10} - \lambda_{20})] \tag{5-6}$$

式中：$G_P$ 为直线系数；$\lambda_{10}$ 为温度系数；$\lambda_1$、$\lambda_2$ 为光栅当前波长（大值-小值）；$\lambda_{10}$、$\lambda_{20}$ 为光栅初始波长（大值-小值）。

#### 5.1.3.4　钢筋计应力计算

钢筋（锚杆）应力计算公式如下：

$$\left.\begin{array}{l} P_i = G(R_i - R_0) + K(T_i - T_0) \\ \sigma_i = P_i / A \end{array}\right\} \tag{5-7}$$

式中：$P_i$ 为钢筋轴力，kN；$G$ 为仪器系数，$kN/kHz^2$；$K$ 为温度系数，kN/℃；$R_0$ 为初始频率模数，$kHz^2$；$R_i$ 为当前频率模数，$kHz^2$；$T_0$ 为初始温度，℃；$T_i$ 为当前温度，℃；$\sigma_i$ 为应力，MPa；$A$ 为钢筋截面面积，$mm^2$。

光栅式钢筋计应力计算公式如下：

$$F = K(R_1 - R_0) \tag{5-8}$$

式中：$F$ 为钢筋计的受力变化值，kN；$K$ 为钢筋计拉力系数，kN/nm；$R_1$ 为应变光栅当前波长，nm；$R_0$ 为应变光栅初始波长，nm。

#### 5.1.3.5　固定测斜仪

$$D = GL(R_1 - R_0) \tag{5-9}$$

式中：$D$ 为倾斜角度；$G$ 为直线系数；$L$ 为两测斜仪间距离；$R_0$ 为初始读数；$R_1$ 为当前读数。

#### 5.1.3.6　位移计

1. 各点相对位移

$$XW_i = G_i(R_i - R_{i0}) + K_i(T_i - T_0) \tag{5-10}$$

式中：$i$ 为锚头编号，编号顺序由浅至深，$i = 1,2,\cdots,n$；$XW_i$ 为各相应锚头与传感器两点间的相对位移，mm；$R_i$ 为各点当前频率模数，$kHz^2$；$R_{i0}$ 为各点初始频率模数，$kHz^2$；$T_i$ 为当前温度，℃；$T_0$ 为初始温度，℃；$G_i$ 为各点仪器系数，mm/kHz；$K_i$ 为各点温度系数，mm/℃。

2. 不同深度绝对位移

以三点位移计为例，设 $XW_3$ 为孔底最深锚头，各锚头埋设深度分别为 5 m、10 m、20 m，计算方法如下（以 20 m 作为相对不动点）：

$$\left.\begin{array}{l} W_0 = XW_3 \\ W_5 = XW_3 - XW_1 \\ W_{10} = XW_3 - XW_2 \end{array}\right\} \tag{5-11}$$

式中:$W_0$ 为 0 m 深度位移,mm;$W_5$ 为 5 m 深度位移,mm;$W_{10}$ 为 10 m 深度位移,mm。

#### 5.1.3.7　外部变形计算

表面垂直位移观测中,水准基点和其他基点的引测、校测,观测点施测均应按《国家一、二等水准测量规范》(GB 12897—2006)要求执行。

### 5.1.4　安全监测成果分析

#### 5.1.4.1　取水口

**1.应力应变**

**1)GW0-116.060 监测断面**

GW0-116.060 监测断面钢筋应力多在−50~10 MPa,多呈现压应力,应变计测值在−103~30 με,多呈现压应变,与钢筋计测值一致,钢筋计、应变计测值与相应温度多呈负相关变化;锚杆测力计应力在 43.7 MPa 以内,目前已逐步趋于稳定(见图 5-1)。

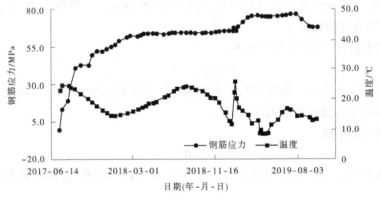

(a)钢筋计R1-33测值过程线

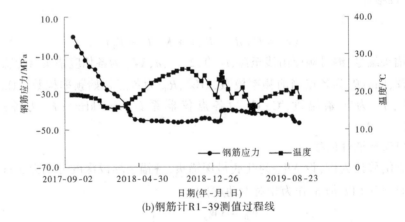

(b)钢筋计R1-39测值过程线

**图 5-1　GW0-116.060 监测断面仪器测值过程线**

(c)钢筋计R1-40测值过程线

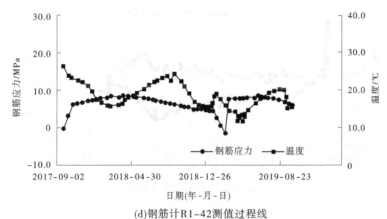

(d)钢筋计R1-42测值过程线

(e)应变计S1-30测值过程线

续图 5-1

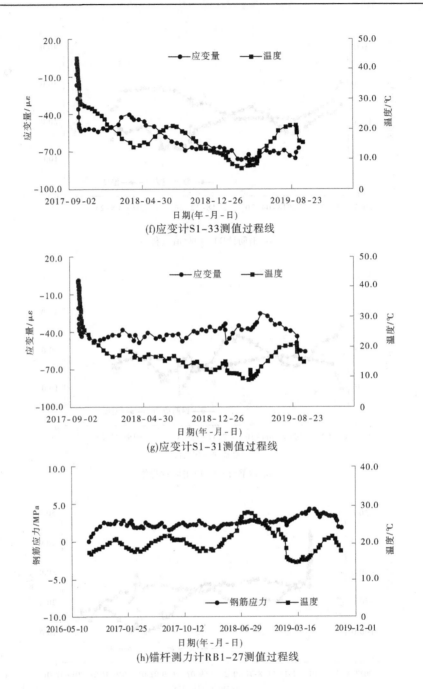

(f)应变计S1-33测值过程线

(g)应变计S1-31测值过程线

(h)锚杆测力计RB1-27测值过程线

续图 5-1

2)GW0-094.560 监测断面

GW0-094.560 监测断面钢筋应力多在-13~15 MPa,多呈现压应力,应变在-160~30 με,多呈现压应变,与钢筋计测值呈现情况一致,该断面应力应变情况与 GW0-116.060 断面基本一致;锚杆测力计测值在 60 MPa 以内,且已趋于稳定(见图 5-2)。

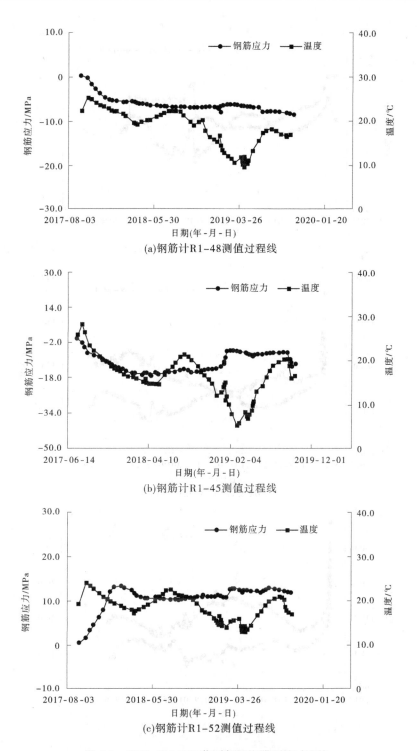

(a)钢筋计R1-48测值过程线

(b)钢筋计R1-45测值过程线

(c)钢筋计R1-52测值过程线

**图 5-2　GW0-094.560 监测断面仪器测值过程线**

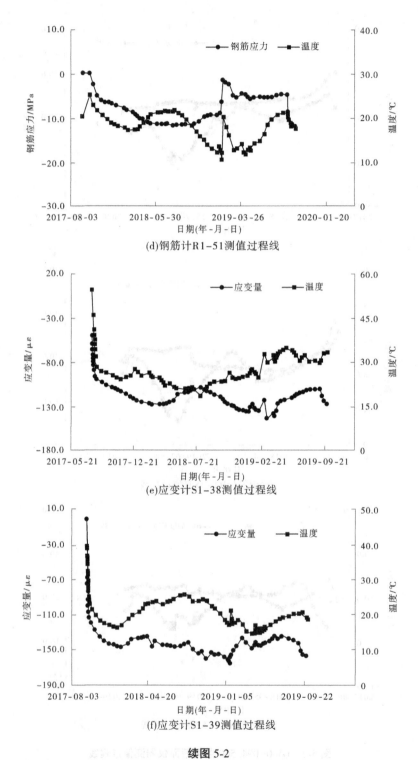

(d)钢筋计R1-51测值过程线

(e)应变计S1-38测值过程线

(f)应变计S1-39测值过程线

**续图 5-2**

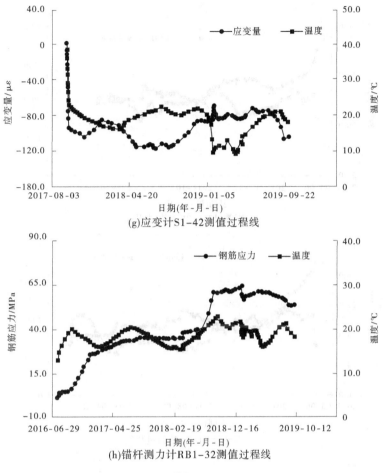

(g)应变计 S1-42 测值过程线

(h)锚杆测力计 RB1-32 测值过程线

续图 5-2

3)取水口交叉段监测断面

高低位取水口交叉段监测断面钢筋测值多呈压应力,应力多在-45~13 MPa,应变计测值在-141~-59 με,呈现压应变,与钢筋计呈现情况一致,仪器测值稳定(见图 5-3)。

(a)钢筋计 R1-21 测值过程线

**图 5-3　高低位取水口交叉段监测断面仪器测值过程线**

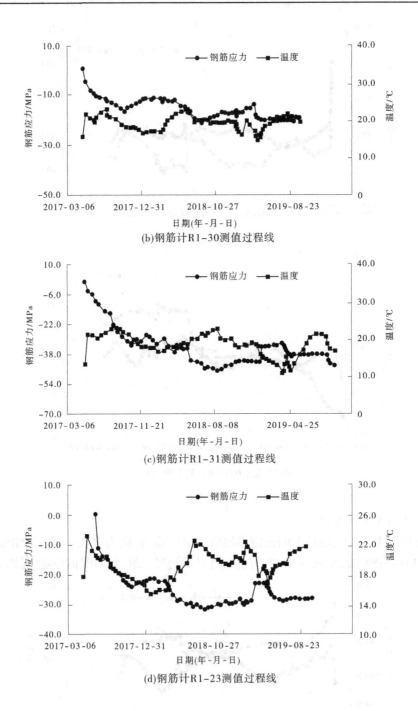

(b)钢筋计R1-30测值过程线

(c)钢筋计R1-31测值过程线

(d)钢筋计R1-23测值过程线

续图5-3

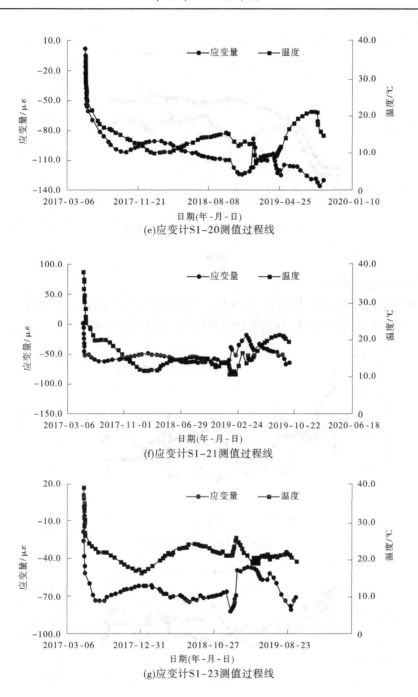

(e)应变计S1-20测值过程线

(f)应变计S1-21测值过程线

(g)应变计S1-23测值过程线

续图 5-3

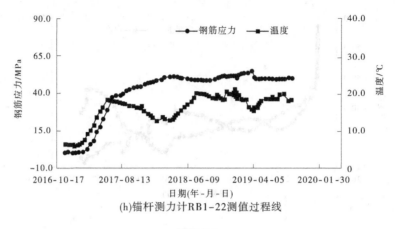

(h)锚杆测力计RB1-22测值过程线

续图 5-3

4)T0+000 监测断面

T0+000 监测断面钢筋计测值呈现压应力,钢筋应力多在-88~-31 MPa,应变计测值在-120~-68 με,呈现压应变,与钢筋计呈现情况一致(见图 5-4)。

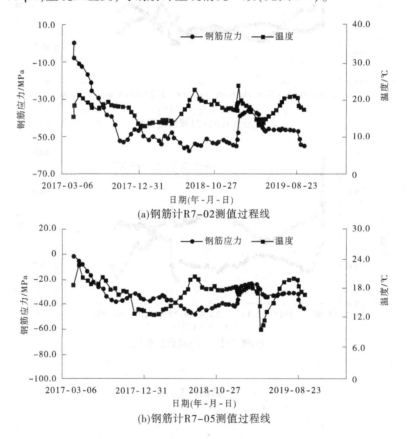

(a)钢筋计R7-02测值过程线

(b)钢筋计R7-05测值过程线

图 5-4　T0+000 监测断面仪器测值过程线

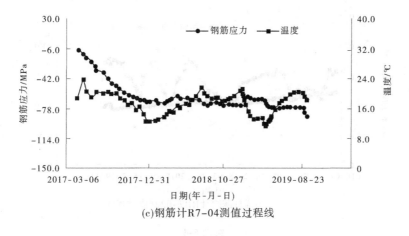

(c)钢筋计R7-04测值过程线

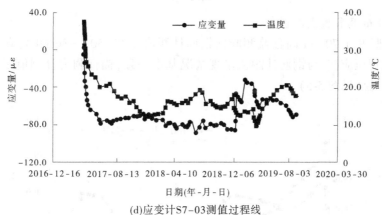

(d)应变计S7-03测值过程线

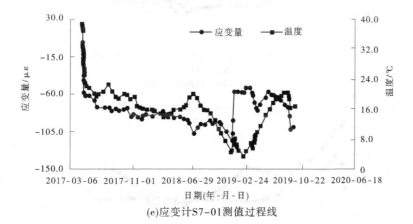

(e)应变计S7-01测值过程线

续图 5-4

(f)锚杆测力计 RB7-02 测值过程线

续图 5-4

5)1 709 m 高程监测断面

取水口竖井 1 709 m 高程监测断面钢筋计测值多在 -50 ~ -30 MPa,应变在 -199 ~ -113 με,呈现压应变,与钢筋计测值呈现情况基本一致,锚杆测力计测值多在 100 MPa 以内,测值平稳(见图 5-5)。

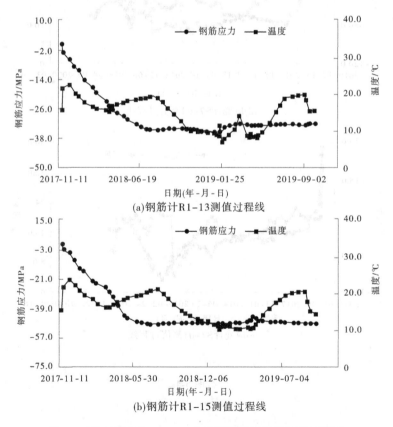

(a)钢筋计 R1-13 测值过程线

(b)钢筋计 R1-15 测值过程线

图 5-5　取水口竖井 1 709 m 高程监测断面仪器测值过程线

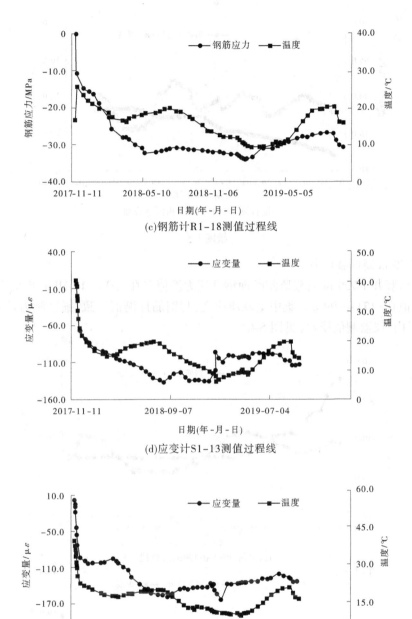

(c)钢筋计R1−18测值过程线

(d)应变计S1−13测值过程线

(e)应变计S1−16测值过程线

续图 5-5

(f)锚杆测力计RB1-18测值过程线

续图5-5

6)1 739 m 高程监测断面

取水口竖井1 739 m高程监测断面钢筋应力测值多在-50~-10 MPa,均呈现压应力,应变计测值在-171~-99 με,集中呈现压应变,与钢筋计测值一致,锚杆测力计测值多在90 MPa以内,仪器测值稳定(见图5-6)。

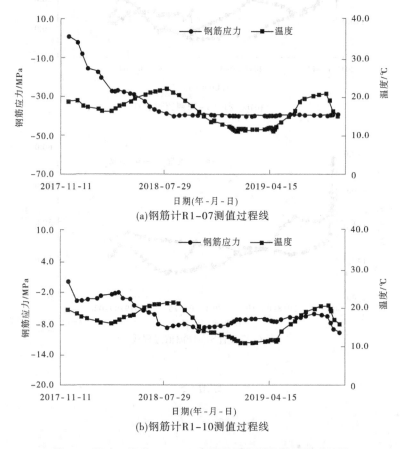

(a)钢筋计R1-07测值过程线

(b)钢筋计R1-10测值过程线

图5-6 取水口竖井1 739 m高程监测断面仪器测值过程线

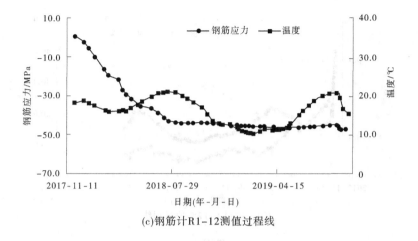

(c)钢筋计R1-12测值过程线

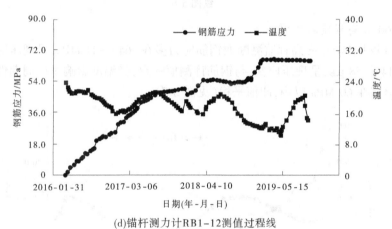

(d)锚杆测力计RB1-12测值过程线

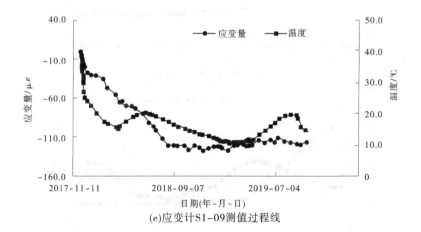

(e)应变计S1-09测值过程线

续图 5-6

(f)应变计S1-12测值过程线

续图5-6

7)1 760 m 高程监测断面

取水口竖井1 760 m 高程监测断面钢筋应力多在-64~-41 MPa,呈现压应力,应变计测值在-144~-58 με,呈现压应变,与钢筋计测值一致,受温度影响呈现周期性变化,锚杆测力计测值多在60 MPa以内,测值平稳(见图5-7)。

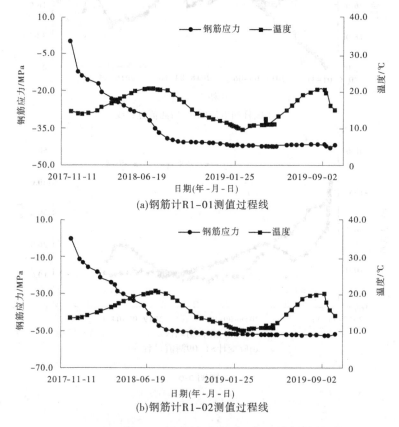

(a)钢筋计R1-01测值过程线

(b)钢筋计R1-02测值过程线

图 5-7　取水口竖井 1 760 m 高程监测断面仪器测值过程线

(c)钢筋计R1-05测值过程线

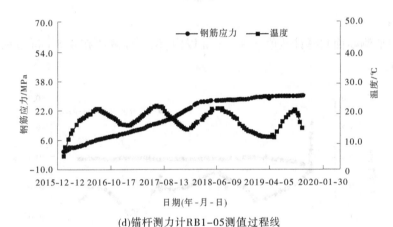

(d)锚杆测力计RB1-05测值过程线

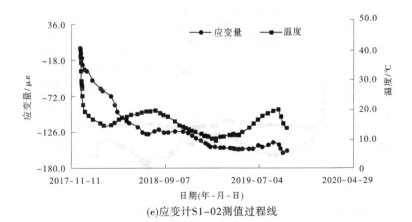

(e)应变计S1-02测值过程线

续图 5-7

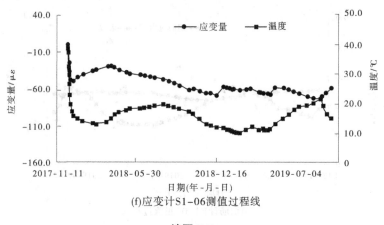

(f)应变计S1-06测值过程线

续图 5-7

2. 变形

取水口监测断面测缝计测值多在 3 mm 以内,位移计测值在 4.8 mm 以内,测值平稳(见图 5-8)。

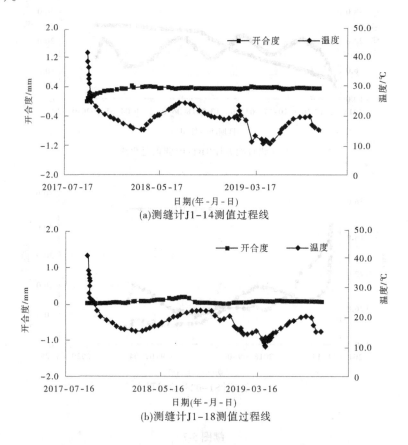

(a)测缝计J1-14测值过程线

(b)测缝计J1-18测值过程线

图 5-8  取水口监测断面测缝计测值过程线

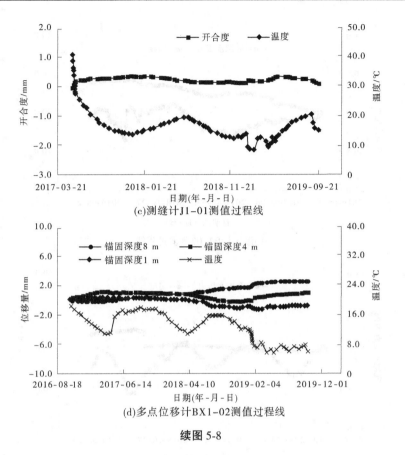

续图 5-8

**3. 渗流**

监测断面 GW0-116.060、GW0-094.560、T0+000 和高位取水口交叉段位于主洞段，1 709 m 监测断面高程较低，渗透压力(孔隙水压力)在 0.1~0.46 MPa，1 739 m 和 1 760 m 监测断面高程较高，渗透压力在 0.01 MPa 以内，受岩塞爆破瞬间高压水流影响仪器测值增大，然后逐步趋于稳定(见图 5-9)。

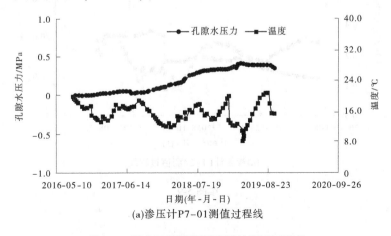

**图 5-9　取水口监测断面渗压计测值过程线**

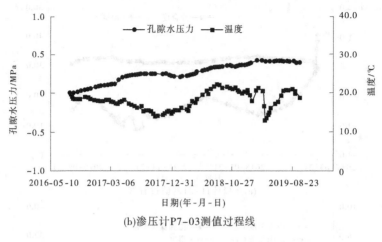

(b)渗压计P7-03测值过程线

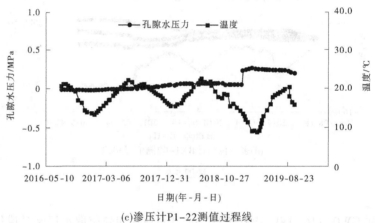

(c)渗压计P1-22测值过程线

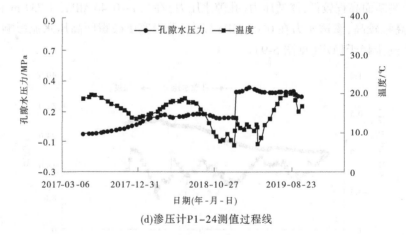

(d)渗压计P1-24测值过程线

续图5-9

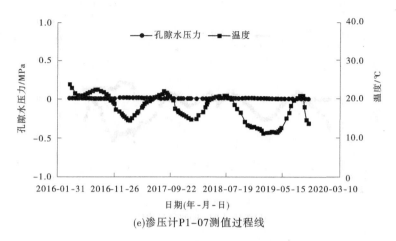

(e)渗压计 P1-07 测值过程线

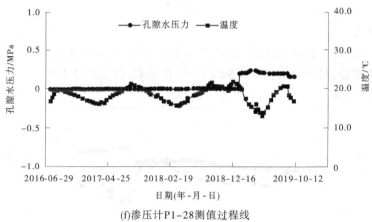

(f)渗压计 P1-28 测值过程线

(g)渗压计 P1-03 测值过程线

续图 5-9

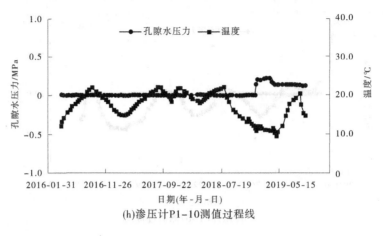

(h)渗压计P1-10测值过程线

续图5-9

### 4. 围岩压力

土压力计安装后初期测值逐步增大,然后趋于平稳,受岩塞爆破影响,测值出现突变,随后逐步归于平稳,目前测值在0.5 MPa以内,测值稳定(见图5-10)。

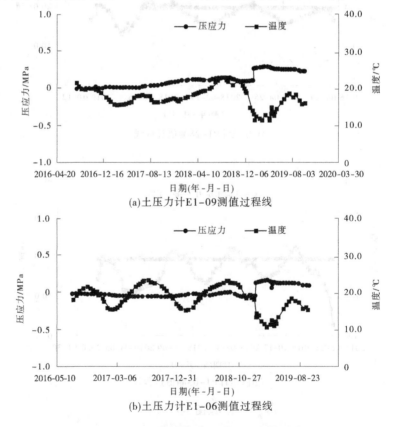

(a)土压力计E1-09测值过程线

(b)土压力计E1-06测值过程线

图5-10　取水口监测断面土压力计测值过程线

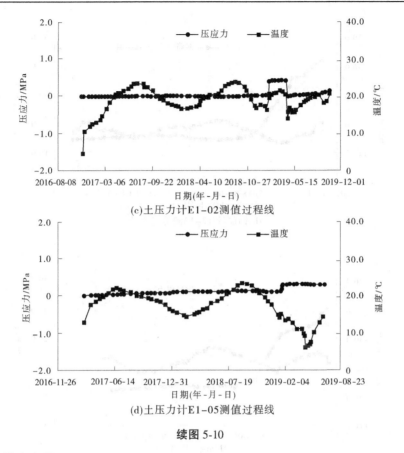

(c)土压力计 E1-02 测值过程线

(d)土压力计 E1-05 测值过程线

续图 5-10

### 5.1.4.2 输水主洞

1. 监测断面 T2+100

1)应力应变

钢筋计测值呈现压应力,测值多在-90～-31 MPa,应变计测值在-185～-55 με,与钢筋计测值一致,锚杆测力计测值在 29 MPa 以内,仪器测值平稳,应力应变性态稳定(见图 5-11)。

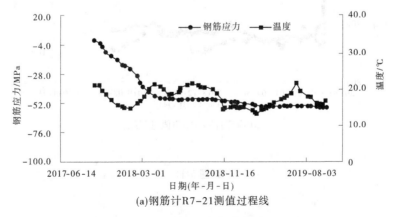

(a)钢筋计 R7-21 测值过程线

图 5-11 T2+100 监测断面仪器测值过程线

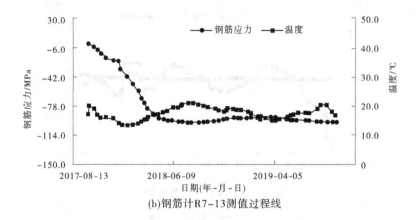

(b)钢筋计R7-13测值过程线

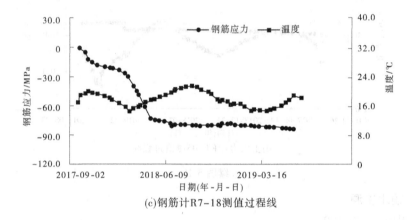

(c)钢筋计R7-18测值过程线

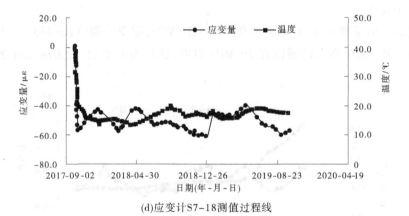

(d)应变计S7-18测值过程线

**续图 5-11**

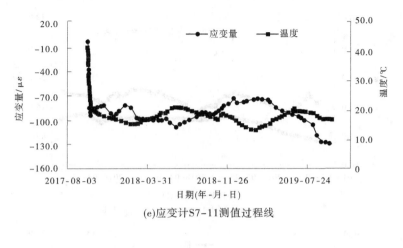

(e)应变计S7-11测值过程线

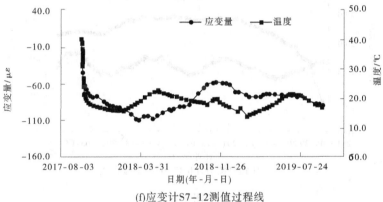

(f)应变计S7-12测值过程线

(g)应变计S7-13测值过程线

**续图 5-11**

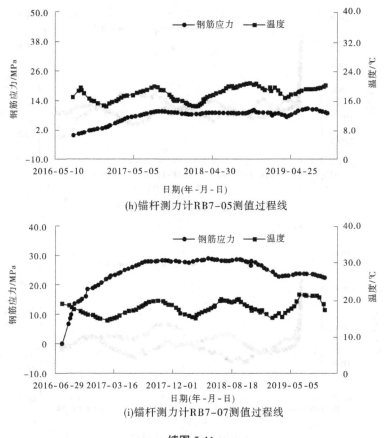

(h)锚杆测力计RB7-05测值过程线

(i)锚杆测力计RB7-07测值过程线

续图 5-11

2)变 形

测缝计测值在-1.2~2.9 mm,目前隧洞左侧洞壁测缝计 J7-07 测值达到最大值为 2.9 mm,测值变化在 0.3 mm 以内;位移计测值在-1.7~4.4 mm,位于隧洞左侧位移计 BX7-02 最大测值为 4.4 mm,与测缝计测值基本一致(见图 5-12)。

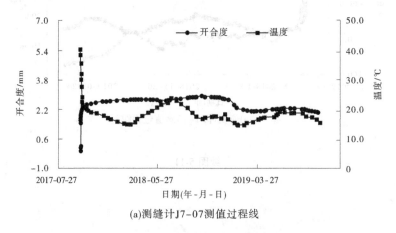

(a)测缝计J7-07测值过程线

图 5-12 T2+100 监测断面仪器测值过程线

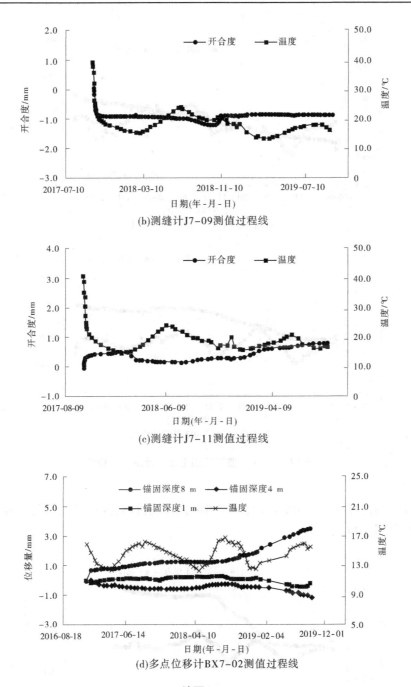

(b)测缝计J7-09测值过程线

(c)测缝计J7-11测值过程线

(d)多点位移计BX7-02测值过程线

续图 5-12

3)围岩压力

土压力计测值在 1 MPa 以内,土压力计测值变化量在 0.3 MPa 以内,测值平稳(见图 5-13)。

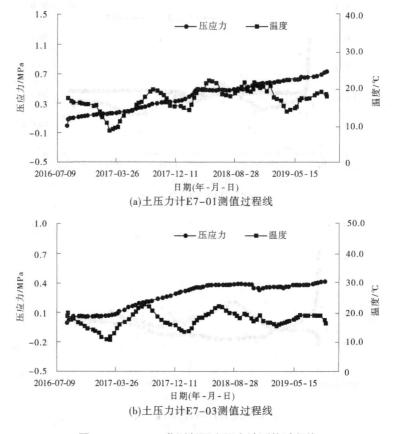

(a)土压力计E7-01测值过程线

(b)土压力计E7-03测值过程线

图 5-13　T2+100 监测断面土压力计测值过程线

4）渗流

渗压计测值多在 0.85 MPa 以内,该监测断面邻近洮河,渗压计测值与工程实际情况基本一致(见图 5-14)。

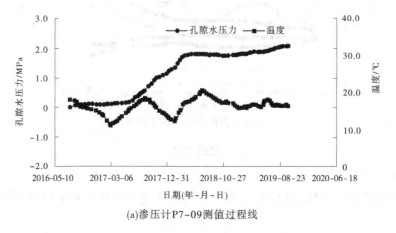

(a)渗压计P7-09测值过程线

图 5-14　T2+100 监测断面渗压计测值过程线

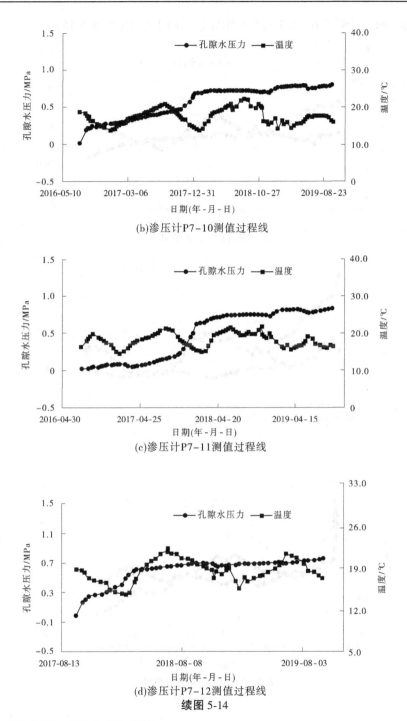

(b)渗压计P7-10测值过程线

(c)渗压计P7-11测值过程线

(d)渗压计P7-12测值过程线

**续图 5-14**

## 2. 监测断面 T3+000 和 T3+900

### 1)应力应变

T3+000 监测断面钢筋计测值多呈现压应力,测值多在-55~8 MPa,应变计测值在-130~46 $\mu\varepsilon$,多呈现压应变,与钢筋计测值一致,钢筋计、应变计测值和温度大多呈负相关变化;锚杆测力计测值在 -7.7~13.6 MPa 且已趋于稳定(见图 5-15)。

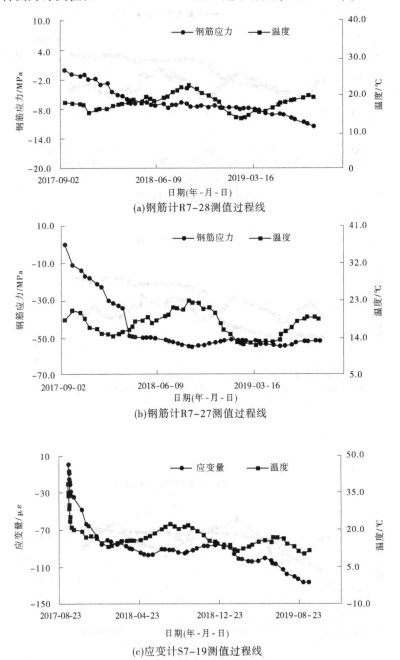

(a)钢筋计R7-28测值过程线

(b)钢筋计R7-27测值过程线

(c)应变计S7-19测值过程线

**图 5-15　T3+000 监测断面仪器测值过程线**

(d)应变计S7-21测值过程线

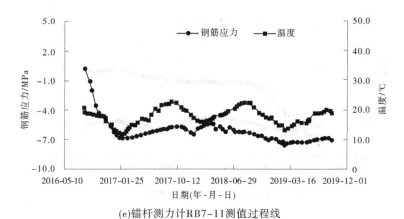

(e)锚杆测力计RB7-11测值过程线

(f)锚杆测力计RB7-10测值过程线

续图 5-15

　　T3+900 监测断面钢筋计测值多在-40~72 MPa,应变计测值在-170~130 με,与钢筋计测值呈现情况基本一致,钢筋计、应变计测值和温度大多呈负相关变化;锚杆测力计测值在 38.6 MPa 以内随着衬砌及灌浆等工序完成工程性态逐渐稳定(见图 5-16)。

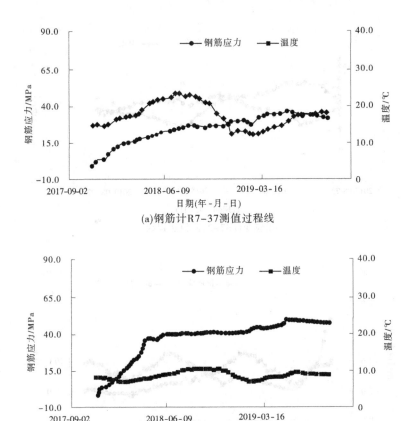

(a)钢筋计R7-37测值过程线

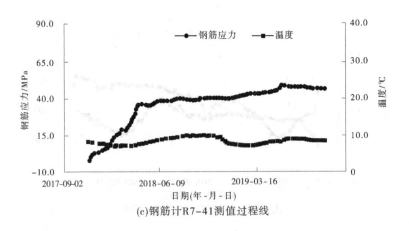

(b)钢筋计R7-39测值过程线

(c)钢筋计R7-41测值过程线

图 5-16　T3+900 监测断面仪器测值过程线

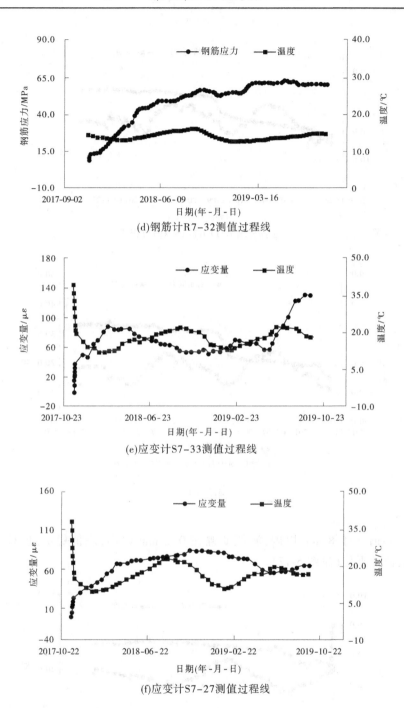

(d)钢筋计R7-32测值过程线

(e)应变计S7-33测值过程线

(f)应变计S7-27测值过程线

**续图 5-16**

(g)锚杆测力计RB7-15测值过程线

(h)锚杆测力计RB7-13测值过程线

续图5-16

2)变形

测缝计测值在 4.8 mm 以内,测值变幅在 0.2 mm 以内,测值稳定;位移计测值在 3 mm 以内,测值平稳(见图5-17)。

(a)测缝计J7-13测值过程线

**图 5-17　监测断面测缝计测值过程线**

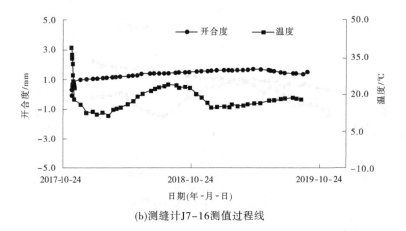

(b)测缝计 J7-16 测值过程线

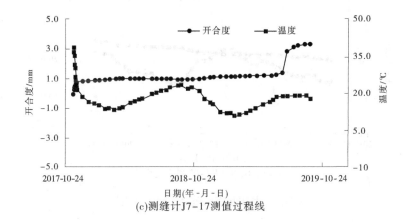

(c)测缝计 J7-17 测值过程线

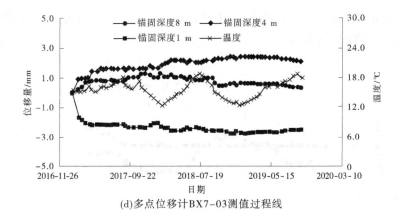

(d)多点位移计 BX7-03 测值过程线

续图 5-17

3)围岩压力

土压力计测值在仪器埋设初期在围岩和衬砌的作用下测值逐步增大,然后趋于稳定,目前测值多在 0.5 MPa 以内,测值平稳(见图 5-18)。

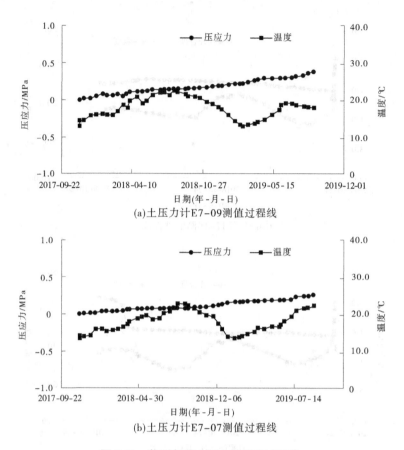

(a)土压力计E7-09测值过程线

(b)土压力计E7-07测值过程线

**图 5-18 监测断面土压力计测值过程线**

4)渗流

渗压计测值多在 0.73 MPa 以内,由于该监测断面位于洮河附近,渗压计测值与现场实际情况基本一致(见图 5-19)。

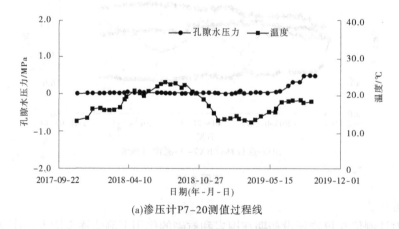

(a)渗压计P7-20测值过程线

**图 5-19 监测断面渗压计测值过程线**

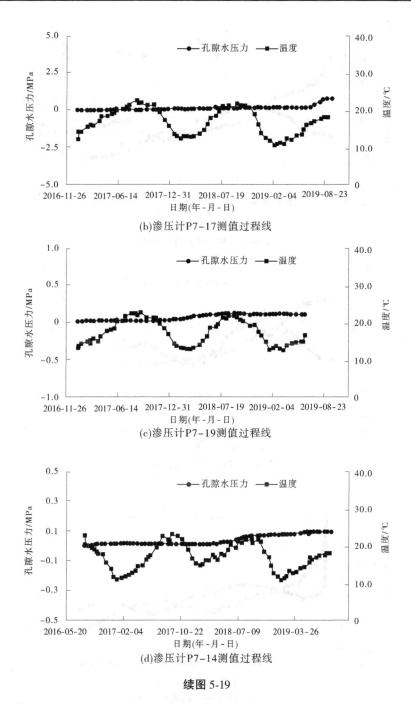

(b)渗压计P7-17测值过程线

(c)渗压计P7-19测值过程线

(d)渗压计P7-14测值过程线

续图 5-19

3.监测断面 T4+450、T5+100、T5+750

1)应力应变

T4+450 监测断面钢筋计多呈现压应力,测值多在-69~-30 MPa,应变计测值在-170~-130 με,集中呈现压应变,与钢筋计测值一致,钢筋计、应变计测值和温度大多呈负相关变化,仪器测值稳定(见图 5-20)。

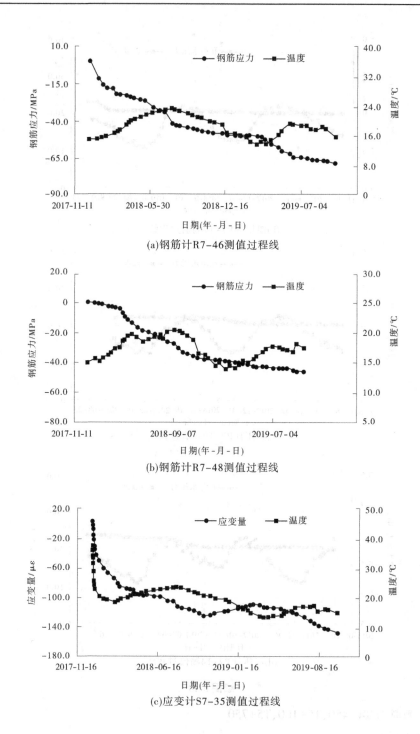

(a)钢筋计R7-46测值过程线

(b)钢筋计R7-48测值过程线

(c)应变计S7-35测值过程线

**图 5-20　T4+450 监测断面仪器测值过程线**

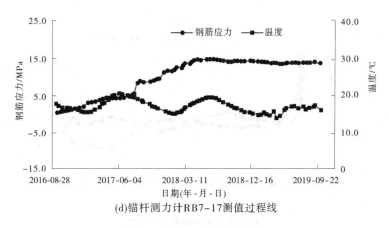

(d)锚杆测力计RB7-17测值过程线

续图 5-20

T5+100 监测断面钢筋计测值在-70~55 MPa,应变计测值在-215~40 με,与钢筋计呈现情况基本一致,锚杆测力计测值在-10.8~56.5 MPa,且已趋于稳定(见图 5-21)。

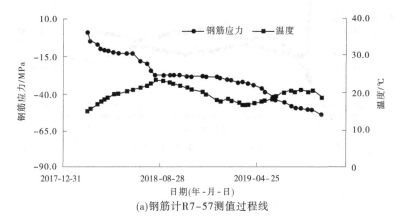

(a)钢筋计R7-57测值过程线

(b)钢筋计R7-53测值过程线

图 5-21　T5+100 监测断面仪器测值过程线

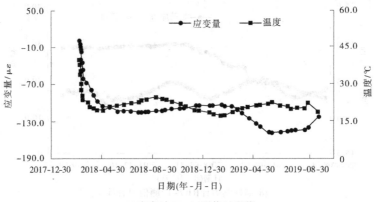

(c)应变计S7-46测值过程线

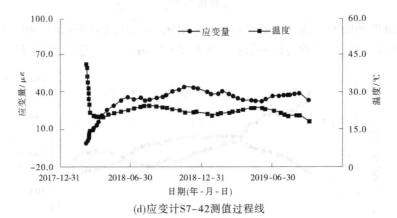

(d)应变计S7-42测值过程线

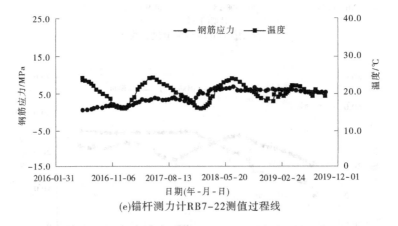

(e)锚杆测力计RB7-22测值过程线

续图5-21

(f)锚杆测力计RB7-20测值过程线

续图 5-21

2)T5+750 监测断面

T5+750 监测断面钢筋计测值多在 10.3～36 MPa,呈现拉应力,锚杆测力计测值在 127 MPa 以内,且已趋于稳定(见图 5-22)。

(a)钢筋计R7-62测值过程线

(b)锚杆测计RB7-25测值过程线

图 5-22　T5+750 监测断面仪器测值过程线

3)变形

测缝计测值多在 10.4 mm 以内,多点位移计测值在 2 mm 以内,测值平稳(见图 5-23)。

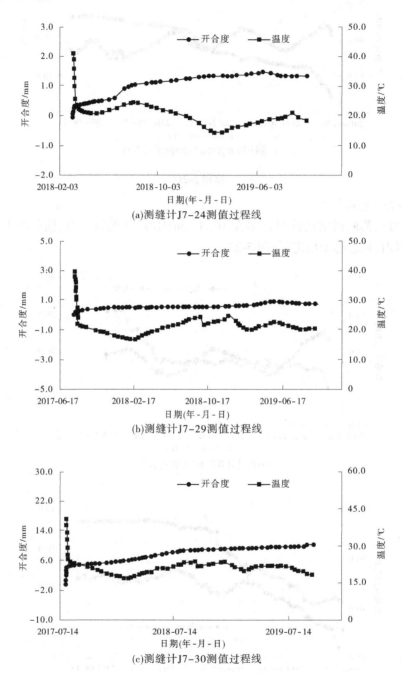

(a)测缝计J7-24测值过程线

(b)测缝计J7-29测值过程线

(c)测缝计J7-30测值过程线

图 5-23　监测断面仪器测值过程线

(d)多点位移计BX7-05测值过程线

**续图 5-23**

4) 围岩压力

土压力计测值多在 0.15~0.75 MPa,测值平稳(见图 5-24)。

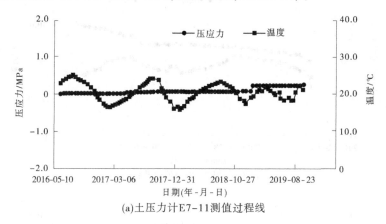

(a)土压力计E7-11测值过程线

(b)土压力计E7-14测值过程线

**图 5-24　监测断面土压力计测值过程线**

5)渗流

该断面距离洮河较近,渗压计测值多在 0.73 MPa 以内,测值平稳(见图 5-25)。

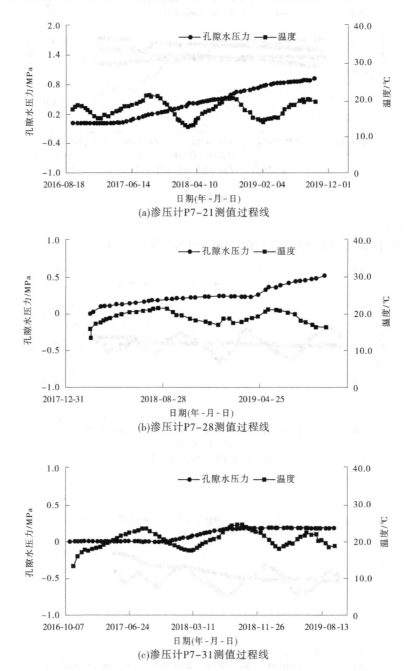

(a)渗压计P7-21测值过程线

(b)渗压计P7-28测值过程线

(c)渗压计P7-31测值过程线

**图 5-25  监测断面渗压计测值过程线**

(d)渗压计 P7-27 测值过程线

续图 5-25

**4. 监测断面 T11+700**

　　该断面围岩类型以Ⅳ类为主,局部为Ⅴ类,管片钢筋计在外水压力、灌浆及温度等因素的综合作用下呈现压应力,目前测值多在-120~-50 MPa,应变计测值多在-198~-80 με(见图 5-26)。

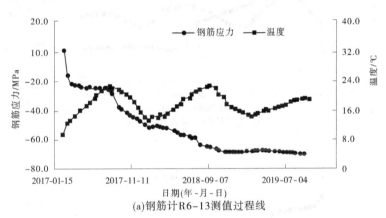

(a)钢筋计 R6-13 测值过程线

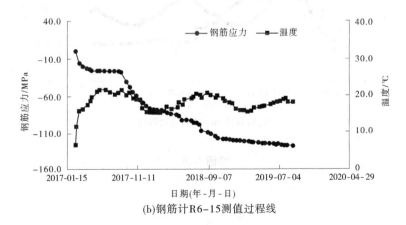

(b)钢筋计 R6-15 测值过程线

图 5-26　T11+700 监测断面仪器测值过程线

(c)钢筋计R6-17测值过程线

(d)钢筋计R6-18测值过程线

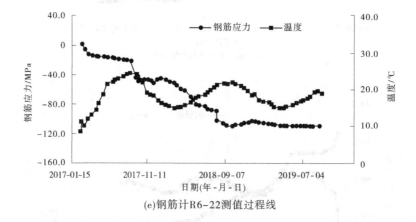

(e)钢筋计R6-22测值过程线

**续图 5-26**

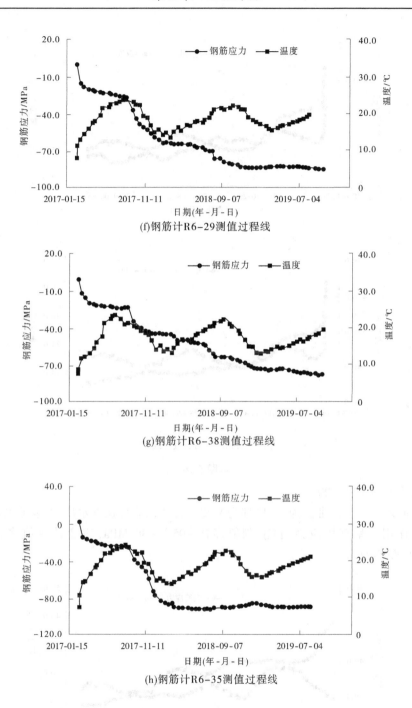

(f)钢筋计R6-29测值过程线

(g)钢筋计R6-38测值过程线

(h)钢筋计R6-35测值过程线

续图 5-26

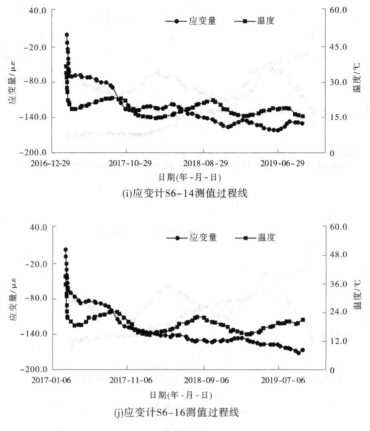

(i)应变计S6-14测值过程线

(j)应变计S6-16测值过程线

续图 5-26

**5. 监测断面 T24+300**

该断面围岩类型以Ⅲ类为主,局部为Ⅴ类。管片钢筋计在外水压力、灌浆及温度等因素的综合作用下呈现压应力,目前测值多在-95~-30 MPa,应变计测值多在-310~-73 με(见图5-27)。

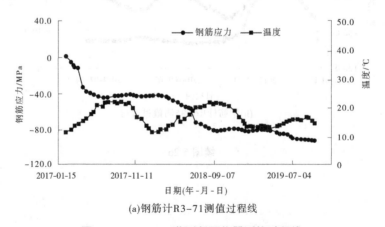

(a)钢筋计R3-71测值过程线

**图 5-27 T24+300 监测断面仪器测值过程线**

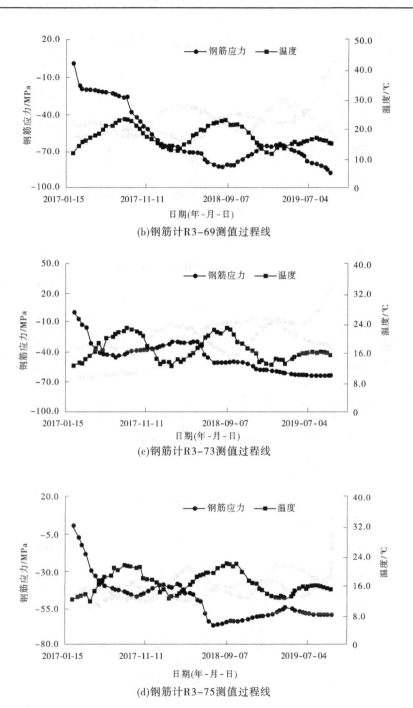

(b)钢筋计R3-69测值过程线

(c)钢筋计R3-73测值过程线

(d)钢筋计R3-75测值过程线

续图 5-27

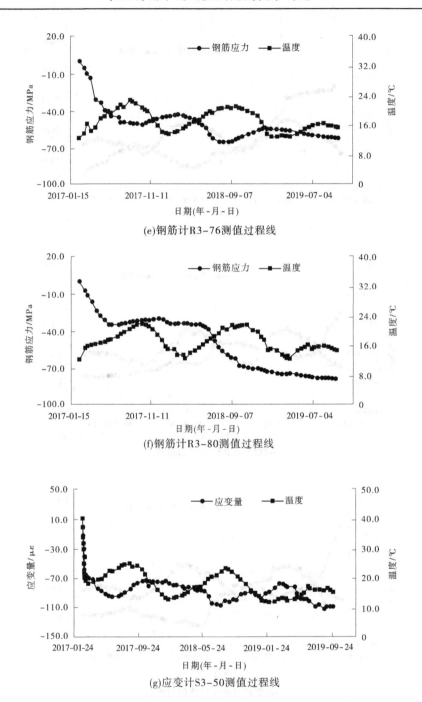

(e)钢筋计R3-76测值过程线

(f)钢筋计R3-80测值过程线

(g)应变计S3-50测值过程线

续图 5-27

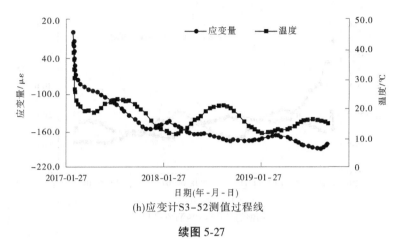

(h)应变计S3-52测值过程线

续图 5-27

### 6. 监测断面 T24+600

该断面围岩类型以Ⅲ类为主,局部为Ⅳ类。管片钢筋计在外水压力、灌浆及温度等因素的综合作用下呈现压应力,目前测值多在-94~-38 MPa,应变计测值多在-350~-68 με(见图 5-28)。

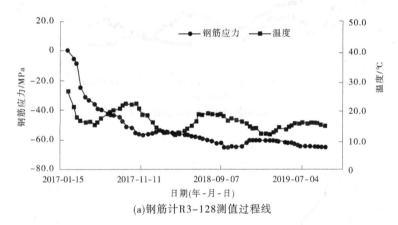

(a)钢筋计R3-128测值过程线

(b)钢筋计R3-125测值过程线

**图 5-28　T24+600 监测断面仪器测值过程线**

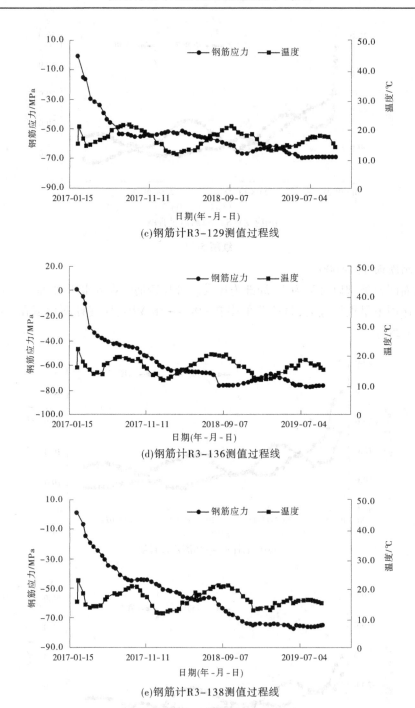

(c)钢筋计R3-129测值过程线

(d)钢筋计R3-136测值过程线

(e)钢筋计R3-138测值过程线

续图 5-28

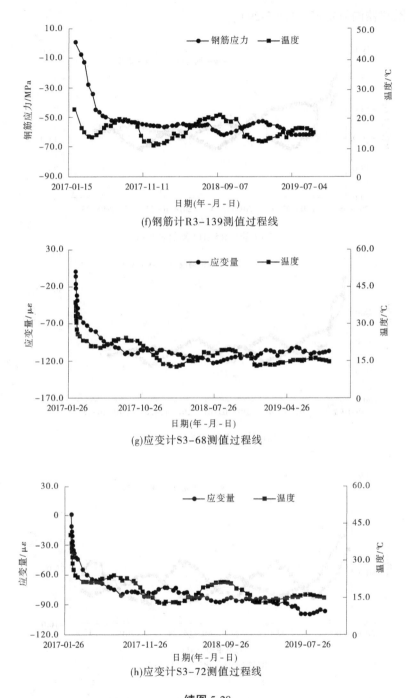

(f)钢筋计R3-139测值过程线

(g)应变计S3-68测值过程线

(h)应变计S3-72测值过程线

续图 5-28

### 5.1.4.3　分水井

#### 1.应力应变

钢筋计多呈现压应力,测值多在 $-72 \sim 52$ MPa;目前应变计测值多呈现压应变,应变范围在 $-192 \sim -80$ με,与钢筋计测值呈现情况基本一致,钢筋计、应变计测值和温度大多呈负相关变化,仪器测值稳定(见图5-29)。

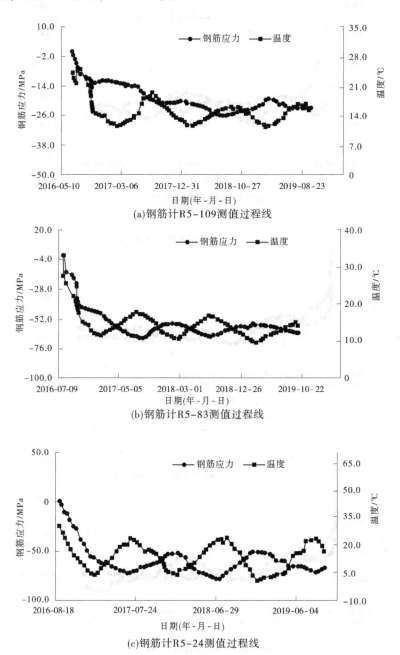

(a)钢筋计R5-109测值过程线

(b)钢筋计R5-83测值过程线

(c)钢筋计R5-24测值过程线

图 5-29　分水井监测断面仪器测值过程线

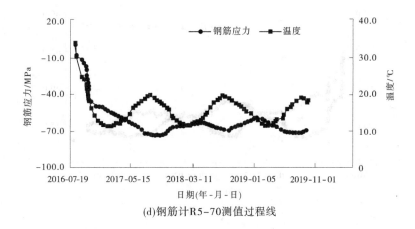

(d)钢筋计R5-70测值过程线

(e)钢筋计R5-48测值过程线

(f)应变计S5-115测值过程线

续图 5-29

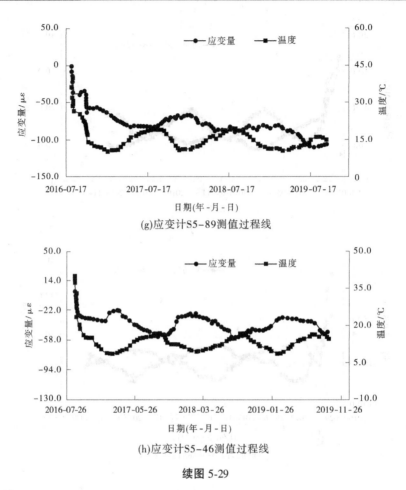

(g)应变计S5-89测值过程线

(h)应变计S5-46测值过程线

续图 5-29

## 2. 渗流

分水井渗压计测值多在 35 kPa 以内,该处埋深浅,地层主要以黄土、砂砾石为主,渗压计测值稳定(见图 5-30)。

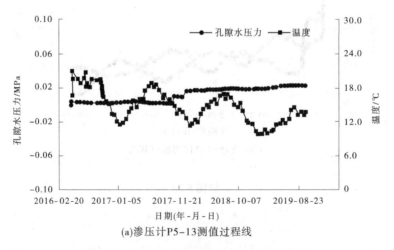

(a)渗压计P5-13测值过程线

图 5-30  分水井监测断面渗压计测值过程线

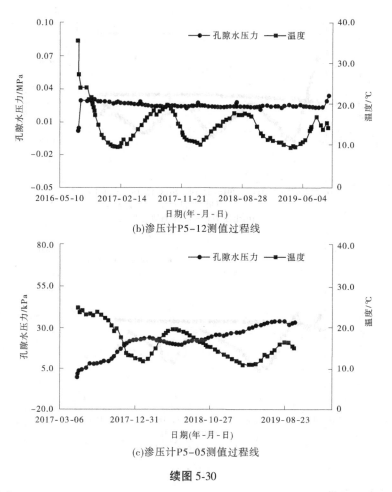

(b)渗压计P5-12测值过程线

(c)渗压计P5-05测值过程线

续图 5-30

**3. 土压力**

土压力计测值在埋设初期缓慢上升,然后随主体工程完工趋于稳定,测值多在 0.3 MPa 以内,测值平稳(见图 5-31)。

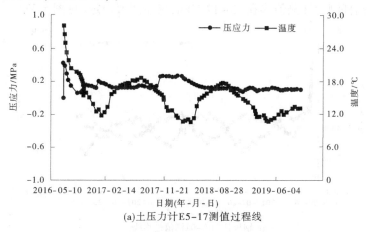

(a)土压力计E5-17测值过程线

**图 5-31　分水井监测断面土压力计测值过程线**

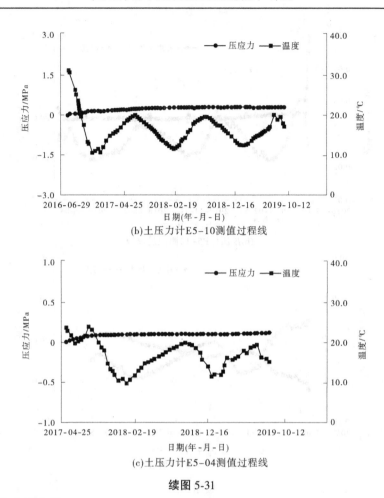

(b)土压力计E5-10测值过程线

(c)土压力计E5-04测值过程线

续图 5-31

### 5.1.4.4 芦家坪支线

#### 1. 应力应变

芦家坪支线钢板计多呈现压应变,测值多在-154~-61 $\mu\varepsilon$,钢板计测值和温度大多呈负相关变化,锚杆测力计测值多在-3~17 MPa,仪器测值稳定(见图 5-32)。

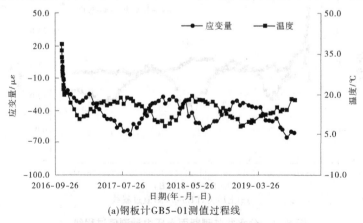

(a)钢板计GB5-01测值过程线

图 5-32 芦家坪支线监测断面仪器测值过程线

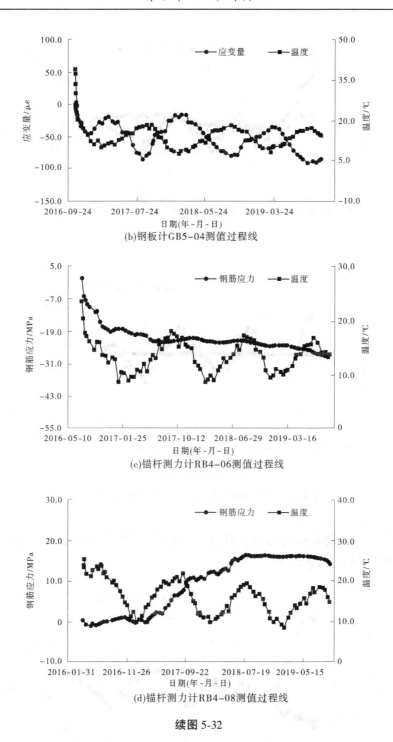

(b)钢板计GB5-04测值过程线

(c)锚杆测力计RB4-06测值过程线

(d)锚杆测力计RB4-08测值过程线

续图 5-32

## 2.渗流

芦家坪支线渗压计静水压力多在 0.03 MPa 以内,该段隧洞围岩以 V 类、IV 类为主,洞身段为黄土和砂砾石,渗压计测值与实际相符,渗压计测值稳定(见图 5-33)。

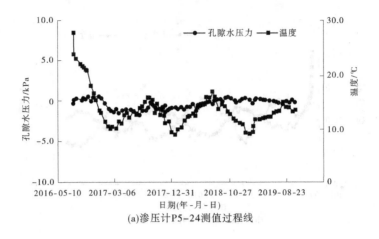

(a)渗压计P5-24测值过程线

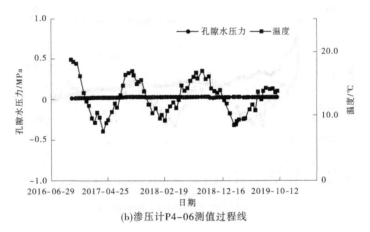

(b)渗压计P4-06测值过程线

**图 5-33　芦家坪支线监测断面渗压计测值过程线**

**3. 围岩压力**

土压力计测值在埋设初期缓慢上升,然后随主体工程完工趋于稳定,测值多在 0.2 MPa 以内,测值平稳(见图 5-34)。

(a)土压力计E4-05测值过程线

**图 5-34　芦家坪支线监测断面土压力计测值过程线**

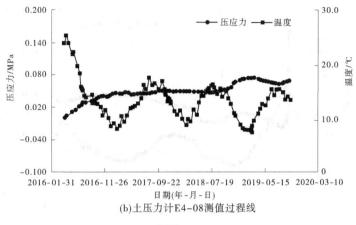

(b)土压力计E4-08测值过程线

续图 5-34

### 5.1.4.5　调流调压站

#### 1. 接缝开合度

调流调压站基础埋设测缝计测值在-1~1 mm内,测缝计测值平稳,表明基础稳定,未呈现明显不均匀沉降(见图5-35)。

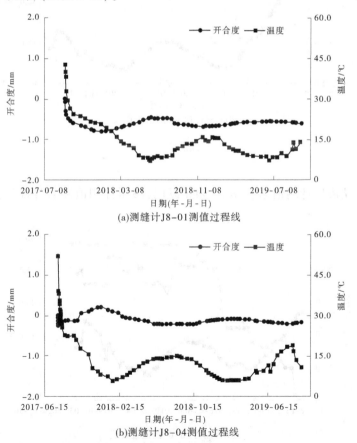

(a)测缝计J8-01测值过程线

(b)测缝计J8-04测值过程线

**图 5-35　调流调压站监测断面测缝计测值过程线**

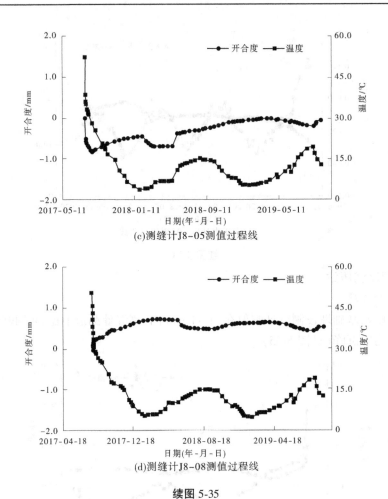

(c)测缝计J8-05测值过程线

(d)测缝计J8-08测值过程线

续图5-35

## 2.渗流

调流调压站渗压计测值多在70.4 kPa以内,渗压计测值随着外界气候变化而变化(见图5-36)。

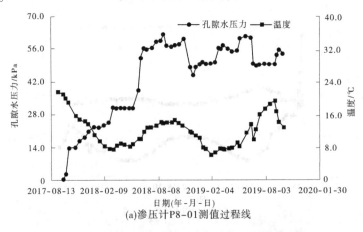

(a)渗压计P8-01测值过程线

**图5-36 调流调压站监测断面渗压计测值过程线**

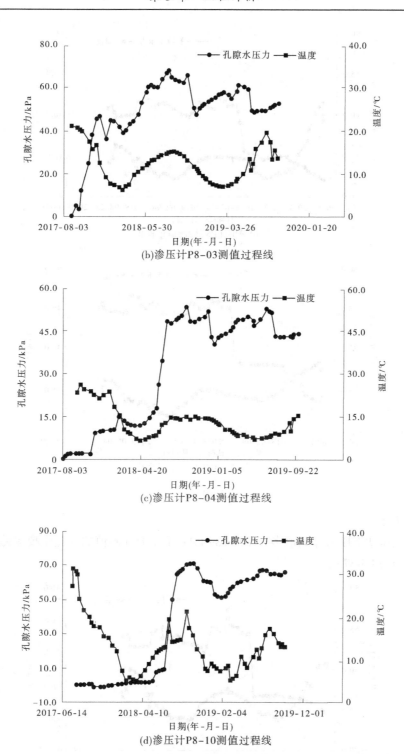

(b)渗压计P8-03测值过程线

(c)渗压计P8-04测值过程线

(d)渗压计P8-10测值过程线

续图 5-36

(e)渗压计P8-12测值过程线

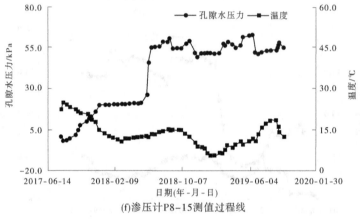

(f)渗压计P8-15测值过程线

**续图 5-36**

## 3. 土压力

调流调压站土压力计测值多在 20~189 kPa,土压力计测值的变化主要受施工和气候综合影响(见图 5-37)。

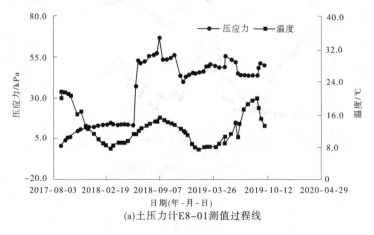

(a)土压力计E8-01测值过程线

**图 5-37 调流调压站监测断面土压力计测值过程线**

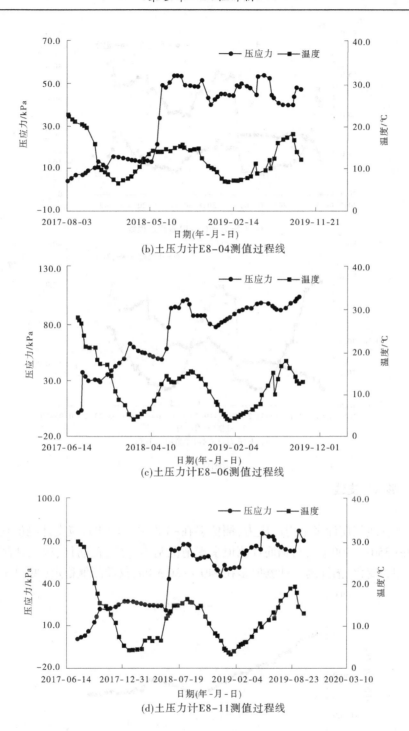

(b)土压力计E8-04测值过程线

(c)土压力计E8-06测值过程线

(d)土压力计E8-11测值过程线

续图 5-37

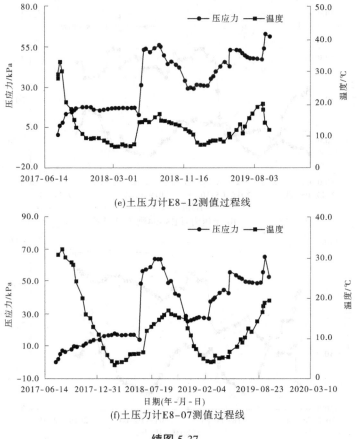

(e)土压力计E8-12测值过程线

(f)土压力计E8-07测值过程线

续图 5-37

### 5.1.4.6 彭家坪支线

**1.应力应变**

彭家坪支线钢筋计多呈现压应力,测值多在-100~-40 MPa,应变计测值均呈现压应变,应变在-350~-100 με,与钢筋计测值呈现情况基本一致,钢筋计、应变计测值和温度大多呈负相关变化,锚杆测力计测值多在-40~-30 MPa,仪器测值稳定(见图 5-38)。

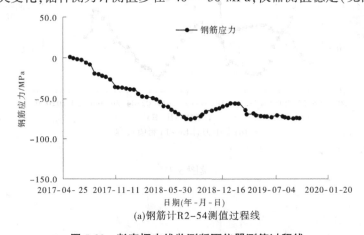

(a)钢筋计R2-54测值过程线

**图 5-38 彭家坪支线监测断面仪器测值过程线**

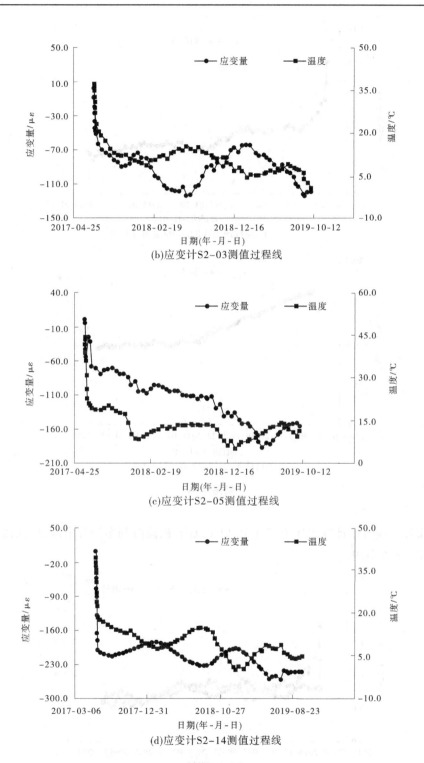

(b)应变计S2-03测值过程线

(c)应变计S2-05测值过程线

(d)应变计S2-14测值过程线

续图 5-38

(e)锚杆测力计RB2-08测值过程线

(f)锚杆测力计RB2-05测值过程线

续图 5-38

2.渗流

彭家坪支线渗压计静水压力多在 10 kPa 以内,该段隧洞多为贫水区,埋深浅,渗压计测值稳定(见图 5-39)。

(a)渗压计P2-01测值过程线

图 5-39　彭家坪支线监测断面渗压计测值过程线

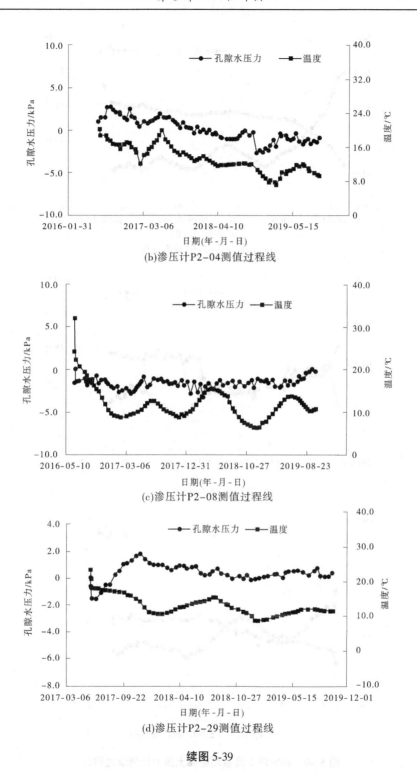

(b)渗压计 P2-04 测值过程线

(c)渗压计 P2-08 测值过程线

(d)渗压计 P2-29 测值过程线

续图 5-39

**3. 土压力**

彭家坪支线土压力计测值多在 40 kPa 以内,大部分土压力计测值稳定(见图 5-40)。

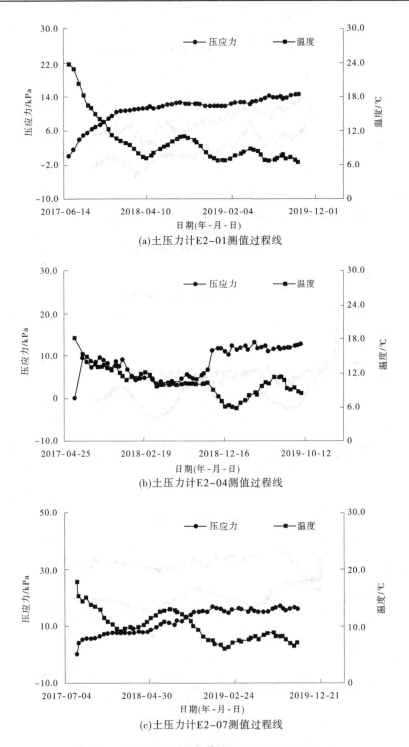

(a)土压力计E2-01测值过程线

(b)土压力计E2-04测值过程线

(c)土压力计E2-07测值过程线

图 5-40　彭家坪支线监测断面土压力计测值过程线

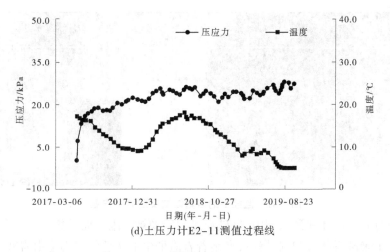

(d)土压力计E2-11测值过程线

续图 5-40

### 5.1.4.7　小结

由建筑物测值过程线可知,各建筑物混凝土应变多呈现压应变,钢筋计多呈现压应力,应变计与钢筋计测值变化趋势基本一致,且测值与相应温度多呈负相关变化;洞壁收敛变形、围岩深部变形、接缝开合度、支护结构应力变化无持续增大趋势,部分测点受二次灌浆和施工干扰影响有突变,但是目前测值已逐步趋于稳定;土压力计测值变化主要随着建筑物上部荷载的增加而逐渐增大,然后趋于稳定,无继续增大趋势;渗压计测值变化受地表降水和温度的影响呈规律性变化,目前测值基本稳定。

# 5.2　基于动态监测数据的工程评价

水下岩塞爆破的综合评价贯穿于药包加工、孔内装药、联网的爆破准备工作及成功实施岩塞爆破的全过程,包括作业质量和安全施工的管控、爆通情况和爆破过程影像资料的获取、振动效应的影响、爆破水域冲击波超压情况、爆破进程中结构的动态变化、爆破前后物理量的变化情况、边坡稳定情况及周边巡视情况。

## 5.2.1　井下作业质量管控和工程安全防控

井下爆破作业工序复杂,融合围岩渗水、前期充水及打孔等的作业环境极为恶劣,且存在运药、装药、联网及闸门调试等多工种交叉作业,井下情况的实时获知及掌握对于作业质量管控和工程安全防控极为重要,井下视频系统的建立为水下岩塞爆破成功提供了保障。系统建立后,爆破指挥部可实时获知井下作业情况,在发现违反操作规范和安全规程的作业行为即时纠偏制止,发现安全隐患时即时消除,为质量管控提供极大便利,为工程安全提供极大保障。同时,实时记录爆破作业中的装药、联网等关键工序,为作业评价和后期类似工程提供了支撑和参考。监控下的岩塞爆破实时井下作业见图 5-41。

## 5.2.2　岩塞爆通情况和爆破过程影像资料获取

岩塞爆破过程中,井下视频系统和表观视频系统均工作正常,岩塞顺利一次爆通,库

**图 5-41　监控下的岩塞爆破实时井下作业**

区水急速通过岩塞爆孔并涌入洞内,爆破全过程影像被清晰全面采集。

通过井下爆破视频可知:起爆后,夹杂着岩渣烟尘的灰色气浪迅速由岩塞处向下游喷涌,同时可见明显的爆炸火花和岩渣四散冲击,水流急速向下游冲灌,爆通效果良好。通过表观爆破视频可知:岩塞爆破过程中,岩塞邻近库区水体有明显的翻涌鼓包现象,随着起爆声响,周边边坡呈现短暂振动,岩塞附近边坡岩石脱落滚入水中,在爆心的前上方距岸约 30 m 水面涌起 1 个水鼓包,鼓包轮廓清晰,呈现白色水花状,鼓包范围逐渐扩大,起爆约 15 s 后,鼓包逐步回落,形成 1 个较大的冲击水花区;因水下泥浆上涌,起爆约 30 s 后,岩塞附近水面形成 1 个直径为 60 m 的泥水区,同时可以看到岩塞爆通后库区水迅速充填在轴线附近水面形成漩涡;起爆约 1 min 15 s 后,岩塞附近水域出现第 2 次翻涌鼓包,幅度较第 1 次减小,含泥量较第 1 次大;起爆约 2 min 后,距离岩塞点 10 m 处出现第 3 次翻涌鼓包,同时呈现小范围漩涡现象;起爆约 3 min 15 s 后,岩塞口附近水域逐步趋于平缓,泥浆逐渐沉淀褪去。由取水口附近摄像可知:冲灌主洞及竖井的库区水由通气孔及闸门井等部位喷涌而出,形成达几十米的水柱,工区及邻近路面均被打湿,瞬间水压力极大。视频采集效果见图 5-42～图 5-44。

**图 5-42　闸门井平台视频采集效果**

图 5-43　岩塞爆破表观视频采集效果

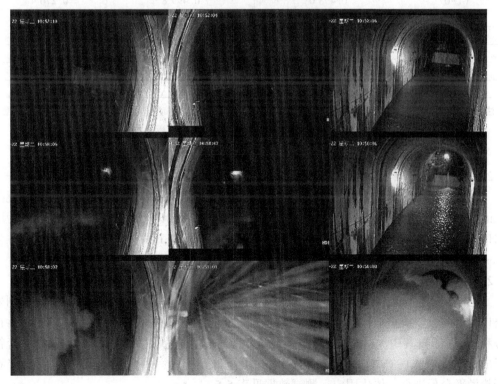

图 5-44　岩塞爆破井下视频采集效果

### 5.2.3　爆破振动效应评价

通过振动效应测试系统,对水下岩塞爆破导致的振动效应进行测试,结合工程实际,并根据振动效应测试值、规范允许安全值及设计振动推算值来对岩塞爆破导致的振动影响进行评价。设计振动推算值由经验公式得出:

$$v = k\left(\frac{Q^{1/3}}{R}\right)^{\alpha} \tag{5-12}$$

式中:$v$ 为振速峰值,cm/s;$Q$ 为单段药量,kg;$R$ 为测点至爆源的距离,m;$k$、$\alpha$ 分别为场地系数及衰减指数;比例药量 $\rho = \dfrac{Q^{1/3}}{R}$。

#### 5.2.3.1　取水口建筑物

取水口竖井内振动监测断面共布设 3 个,即 1 700 m、1 760 m、1 803 m 高程。其中,1 700 m 高程布设 4 个测点,为 V1-05～V1-08;竖井内高程 1 760 m 处布置 2 个观测点,为 V1-09、V1-10;1 803 m 平台处布置 2 个观测点,为 V1-11、V1-12。为安全起见,选定振速峰值 7 cm/s 为判定依据。测试数据见表 5-3。

表 5-3　岩塞爆破振动测点测值

| 测点编号 | 振速峰值 $X$/(cm/s) | 振速峰值 $Y$/(cm/s) | 振速峰值 $Z$/(cm/s) |
|---|---|---|---|
| V1-05 | 0.437 5 | 0.368 1 | 0.393 2 |
| V1-06 | 0.661 3 | 0.551 5 | 0.340 1 |
| V1-07 | 0.498 0 | 0.499 8 | 0.276 4 |
| V1-08 | 0.454 1 | 0.307 8 | 0.412 6 |
| V1-09 | 0.326 6 | 0.195 8 | 0.233 8 |
| V1-10 | 0.299 4 | 0.213 9 | 0.227 9 |
| V1-11 | 0.193 3 | 0.189 1 | 0.274 0 |
| V1-12 | 0.160 0 | 0.202 1 | 0.271 6 |

注:V1-09 号和 V1-10 号仪器位于竖井内,且位于同一高程监测平面,其振动出现径向 $X$ 轴较大;各观测点数据均未超过规范允许标准,且均小于设计技术报告中的取水口闸门及门槽爆破振动推算值和爆破安全标准。

各观测点波形图见图 5-45～图 5-48。

#### 5.2.3.2　衬砌混凝土

结合布设在取水口上游段衬砌结构中的测点布置情况进行岩塞爆破过程中衬砌混凝土的振动监测,选取 GW0-116.060、GW0-094.560、GW0-064.560、GW0-015.560 作为取水口上游段振动监测断面,共布置 4 个振动观测点,根据本工程实际情况选定判定标准为 7 cm/s。测试数据见表 5-4。

#### 5.2.3.3　大地振动监测

为评判岩塞爆破中大地振动情况,在洞室轴线的外部坡体布设三个振动测点,监测岩塞口附近的坡体质点振动速度情况。共布置 3 个地面振动观测点,为 V1-13 号、V1-14 号和 V1-15 号,其中 V1-13 号与 V1-14 号观测点布置于道路旁,使用胶黏剂黏合石膏粉形成刚性接触,V1-15 号测点布置于高陡边坡上冻土上的一块内嵌岩石上,使用稀释石膏粉做平台后进行一体化固定。测试数据见表 5-5。

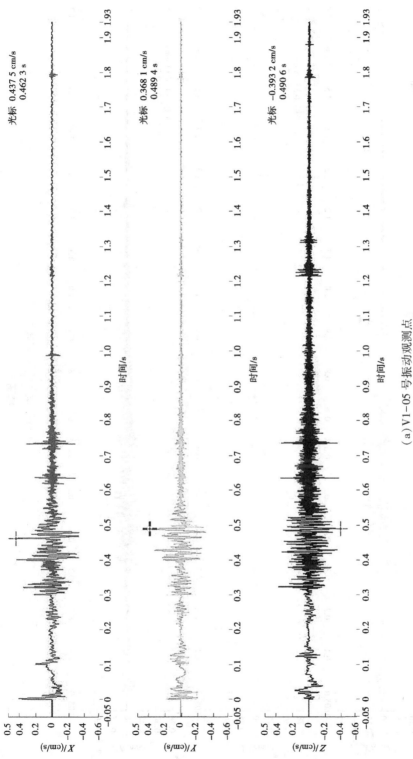

（a）V1-05 号振动观测点

图 5-45　V1-05 号、V1-06 号振动观测点波形图

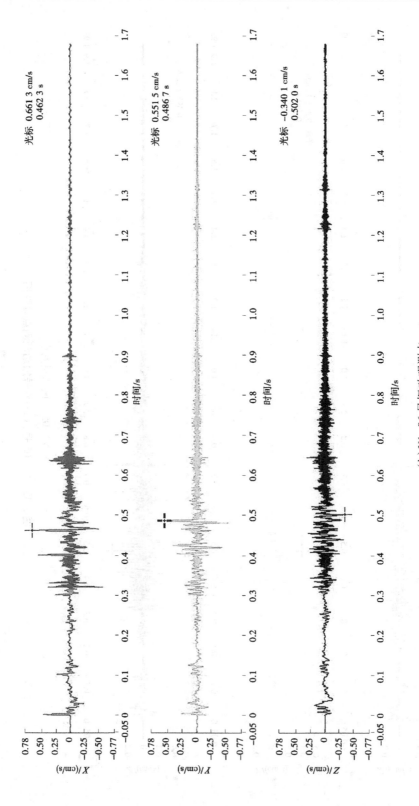

(b) V1—06 号振动观测点

续图 5-45

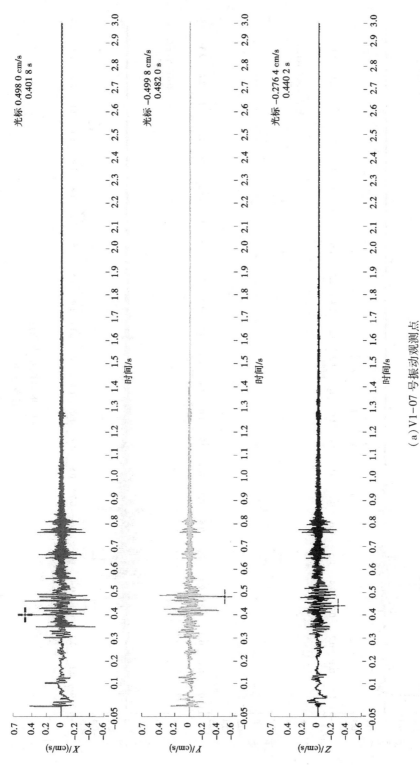

（a）V1–07 号振动观测点

图 5-46　V1–07 号、V1–08 号振动观测点波形图

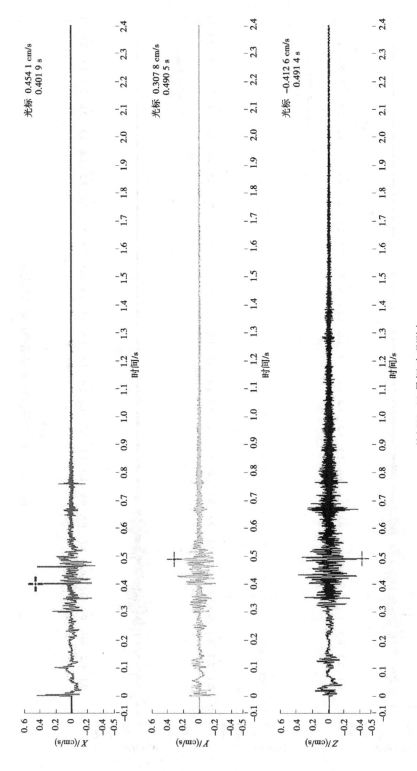

(b) V1—08 号振动观测点

续图 5-46

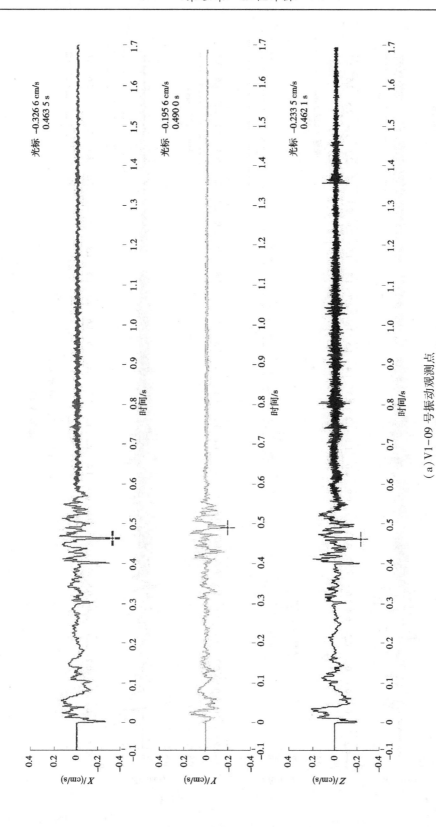

（a）V1-09 号、V1-10 号振动观测点

图 5-47　V1-09 号、V1-10 号振动观测点波形图

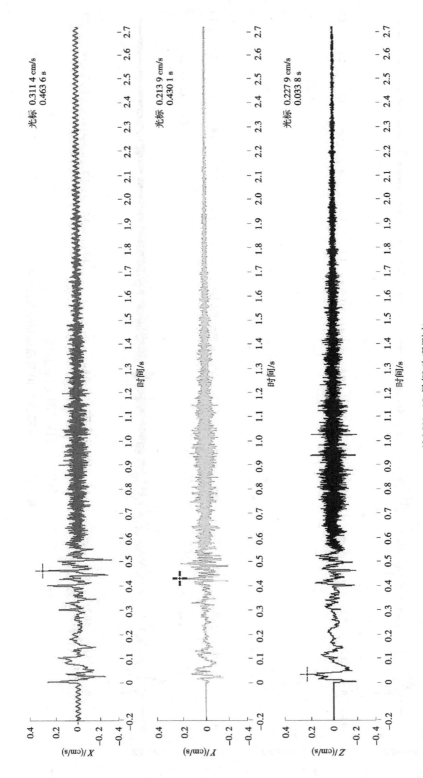

（b）V1-10 号振动观测点

续图 5-47

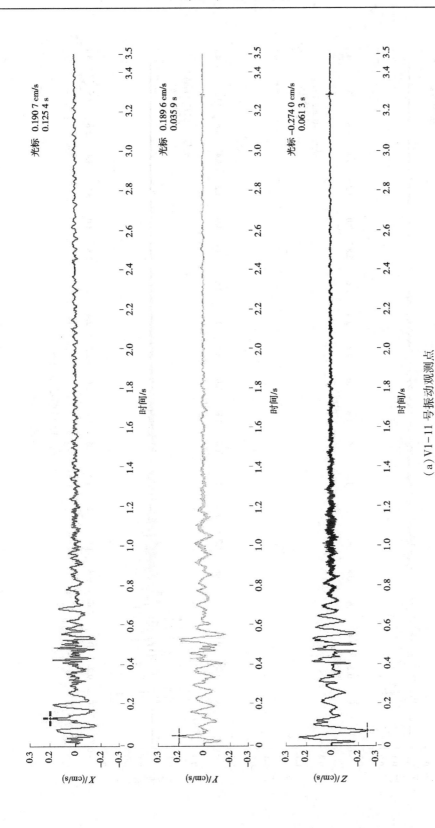

(a) V1−11 号、V1−12 号振动观测点

图 5-48 V1−11 号、V1−12 号振动观测点波形图

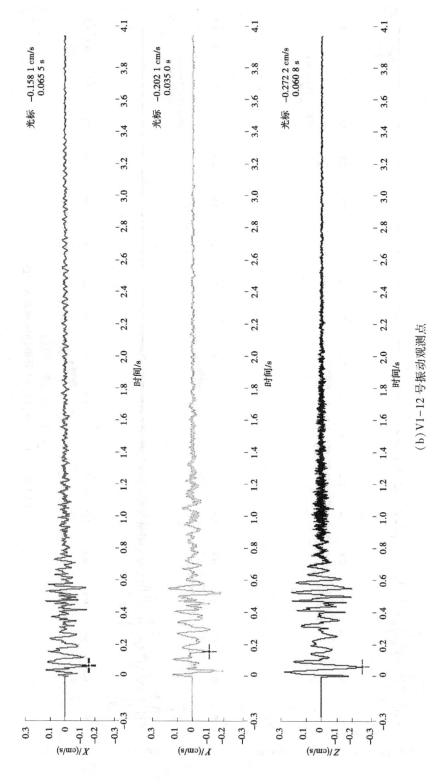

（b）V1-12 号振动观测点

续图 5-48

表 5-4 岩塞爆破振动测点测值

| 测点编号 | 振速峰值 $X$/(cm/s) | 振速峰值 $Y$/(cm/s) | 振速峰值 $Z$/(cm/s) |
|---|---|---|---|
| V1-01 | 15.003 4 | 5.857 9 | 10.923 2 |
| V1-02 | 2.034 6 | 1.274 2 | 1.055 4 |
| V1-03 | 1.371 7 | 0.726 9 | 0.674 6 |
| V1-04 | 0.579 7 | 0.419 0 | 0.994 9 |

注:V1-01 号测点位置桩号为 GW0-116.060,距离爆源位置很近,受爆破影响程度最为明显,$X$、$Z$方向的振动峰值与判定标准相比,有所超限;V1-02~V1-04 号测点所测试的振动速度幅值均未超过规范允许范围。

表 5-5 岩塞爆破振动测点测值

| 测点编号 | 振速峰值 $X$/(cm/s) | 振速峰值 $Y$/(cm/s) | 振速峰值 $Z$/(cm/s) |
|---|---|---|---|
| V1-13 | 0.608 4 | 0.522 1 | 1.127 4 |
| V1-14 | 0.851 7 | 0.523 9 | 2.156 1 |
| V1-15 | 2.046 6 | 2.105 1 | 4.333 5 |

注:通过数据可看出,V1-13 号测点由于距离爆源较 V1-14 号测点远,所以振动幅值低于 V1-14 号测点;V1-15 号测点在高陡边坡上,可看出边坡基础抗震能力较差,所以出现较大的振动幅值。

各观测点波形图见图 5-49、图 5-50。

各观测点波形图见图 5-51。

#### 5.2.3.4 已有建筑物振动影响监测

1. 信汇生态酒店

信汇生态酒店为一般民用建筑物,根据规定,一般建筑物的允许振动速度为 1.5~3.0 cm/s,此处布置 1 个振动观测点为 V1-16 号观测点,使用胶黏剂和石膏粉耦合布置于建筑物地基的水泥地上。测试数据见表 5-6。

表 5-6 岩塞爆破振动测点测值

| 测点编号 | 振速峰值 $X$/(cm/s) | 振速峰值 $Y$/(cm/s) | 振速峰值 $Z$/(cm/s) |
|---|---|---|---|
| V1-16 | 0.109 1 | 0.099 0 | 0.235 2 |

注:V1-16 测点距离爆源较远,受爆破振动影响较小,测点测值小于判定标准,且均小于设计技术报告中的周围建筑物的振动推算值和爆破安全标准。

V1-16 号振动观测点波形图见图 5-52。

2. 祁家黄河大桥

祁家黄河大桥平日大货车通过时的质点振动速度显示,其振动速度峰值为 0.5~1 cm/s,大桥均能满足大货车日常行驶通过,此处布置 1 个观测点为 V1-17 号测点,使用胶黏剂和石膏粉耦合布置于桥墩上方桥面,与桥面形成一个整体进行观测。测试数据见表 5-7。

表 5-7 岩塞爆破振动测点测值

| 测点编号 | 振速峰值 $X$/(cm/s) | 振速峰值 $Y$/(cm/s) | 振速峰值 $Z$/(cm/s) |
|---|---|---|---|
| V1-17 | 0.080 | 0.072 | 0.146 |

注:根据数据可看出此处观测点的质点振动速度峰值是低于大货车通过桥面造成的振动速度峰值的。

V1-17 号振动观测点波形图见图 5-53。

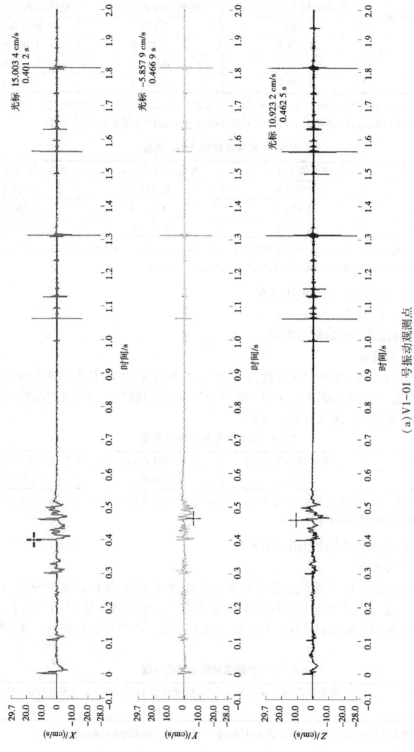

(a) V1-01 号振动观测点

图 5-49　V1-01 号、V1-02 号振动观测点波形图

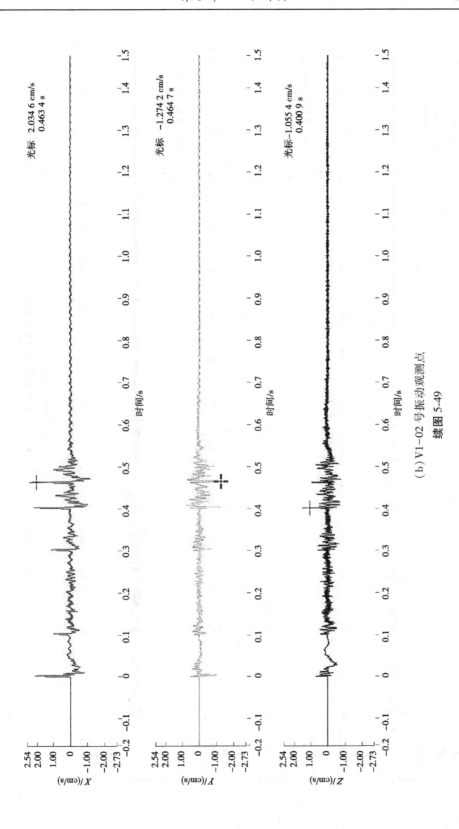

（b）V1-02 号振动观测点

续图 5-49

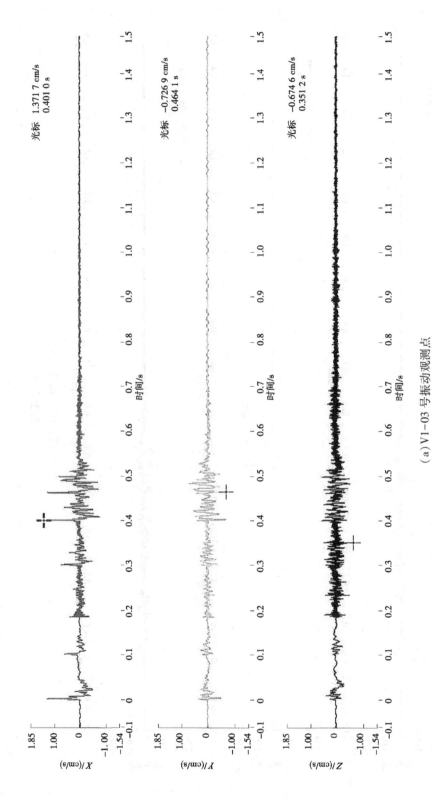

（a）V1-03 号振动观测点

图 5-50　V1-03 号、V1-04 号振动观测点波形图

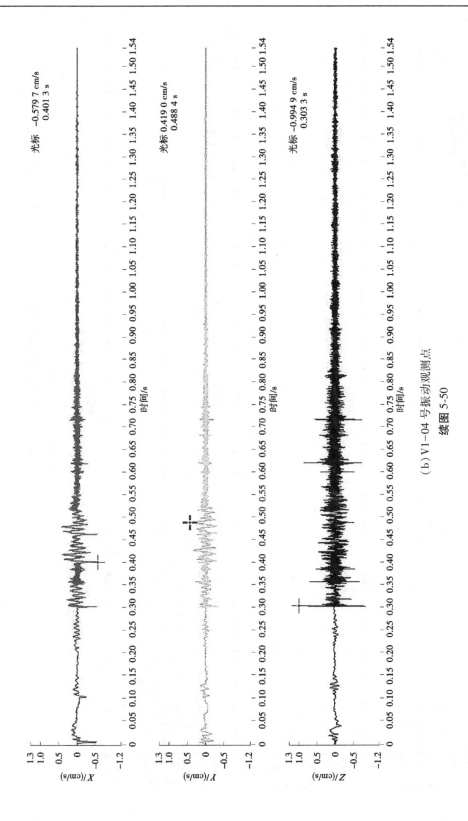

（b）V1-04 号振动观测点

续图 5-50

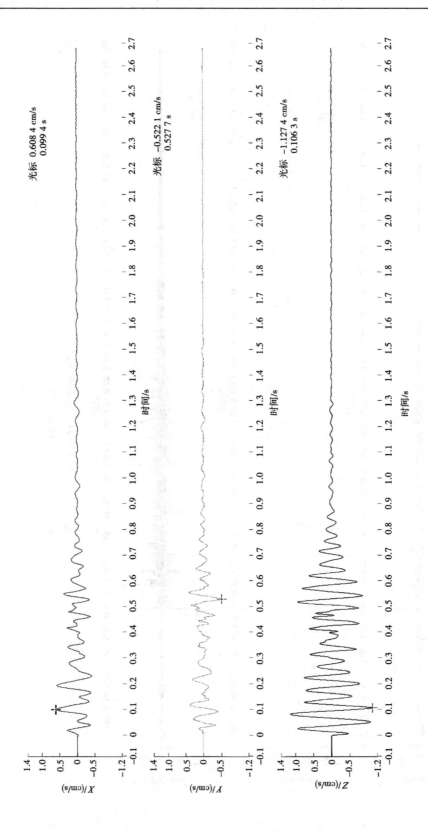

（a）V1-13 号振动观测点

图 5-51　V1-13～V1-15 号振动观测点波形图

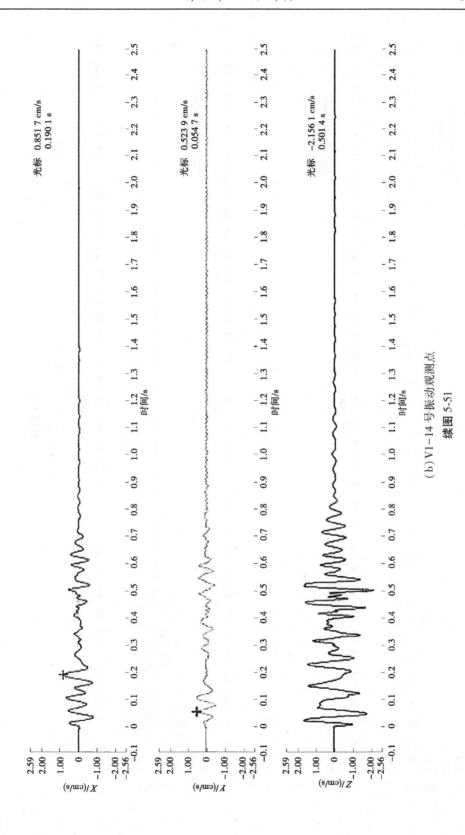

(b) V1-14 号振动观测点

续图 5-51

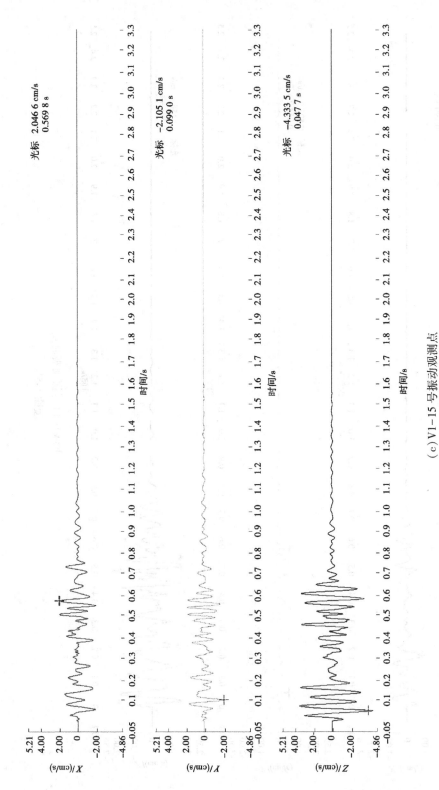

(c) VI-15 号振动观测点

续图 5-51

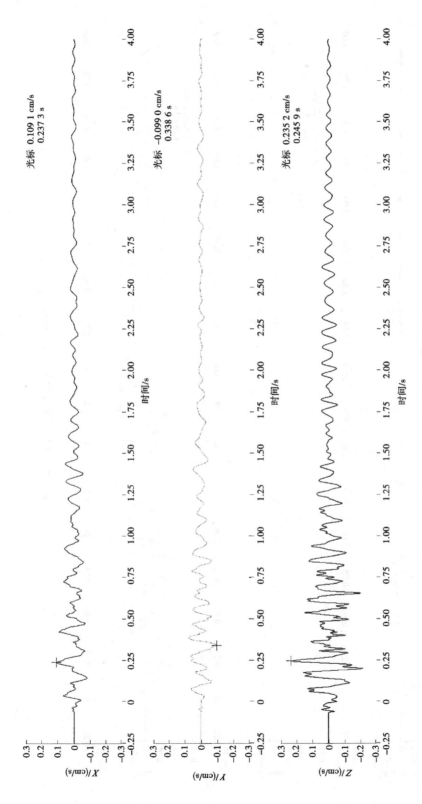

图 5-52　V1-16 号振动观测点波形图

·176·

长距离输水隧洞监测关键技术研究

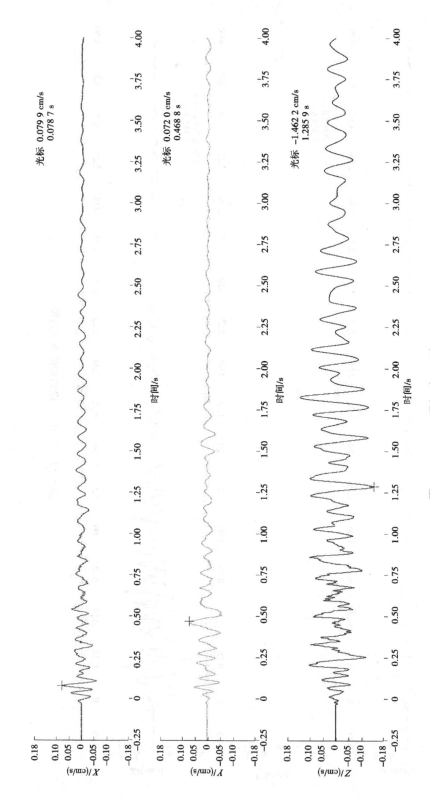

图 5-53  V1−17 号振动观测点波形图

### 5.2.4　水中冲击波超压情况

共布置 5 个水中冲击波观测点进行观测,测点均使用浮桶漂浮,传感器安装于浮桶下方支架末端,支架末端位于水下 0.8 m 左右,再使用铁丝把浮桶固定于同一条绳上,防止离开测点位置。在岩塞爆破过程中,水中冲击波测点工作状态良好,水中冲击波测试数据得到了较好采集。具体测值见表 5-8。

**表 5-8　岩塞爆破水中冲击波测点测值**

| 测点编号 | 测试时间(年-月-日 时:分) | 爆心距/m | 最大动水压力/MPa | 上升时间/ms |
|---|---|---|---|---|
| P1 | 2019-01-22 10:58 | 25 | 2.448 4 | 0.033 3 |
| P2 | 2019-01-22 10:58 | 50 | 2.201 8 | 0.031 3 |
| P3 | 2019-01-22 10:58 | 80 | 1.661 6 | 0.028 0 |
| P4 | 2019-01-22 10:58 | 120 | 1.294 6 | 0.031 3 |
| P5 | 2019-01-22 10:58 | 200 | 0.860 7 | 0.029 5 |

各测点波形图见图 5-54~图 5-58。

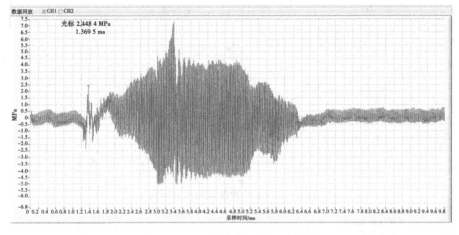

**图 5-54　P1 号冲击波测点波形图**

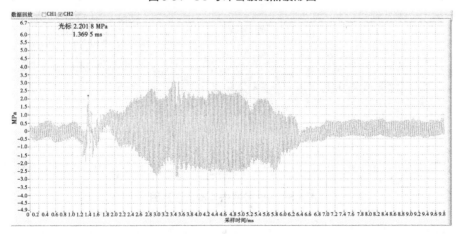

**图 5-55　P2 号冲击波测点波形图**

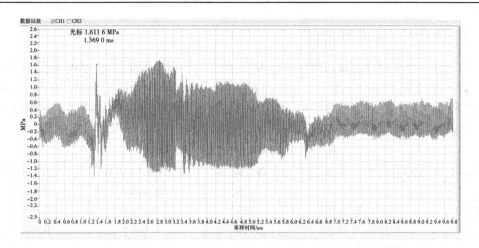

图 5-56　P3 号冲击波测点波形图

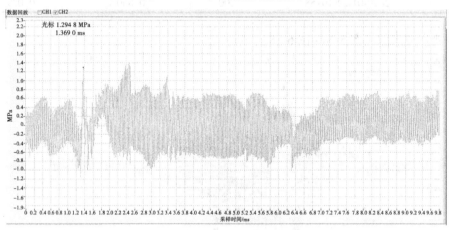

图 5-57　P4 号冲击波测点波形图

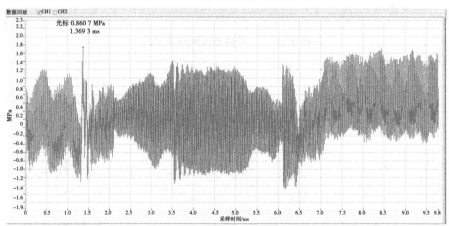

图 5-58　P5 号冲击波测点波形图

由测点测值和测点波形图可知:①P1 号测点爆心距最小,岩塞爆破产生的动水压力最大,最大动水压力为 2.448 4 MPa,在开始受到岩塞爆破影响后的 0.033 3 ms 达到最大值;P5号测点爆心距最大,岩塞爆破产生的最大动水压力相对较小,最大动水压力为 0.860 7 MPa,在开始受到岩塞爆破影响后的 0.029 5 ms 达到最大值,符合岩塞爆破水中冲击波的传播特点。②其他测点随爆心距增大,最大动水压力逐步减小,随时间推进,各测点测值衰减明显,距爆源越远衰减越迅速。③由于爆破出现的水流关系,各测点均出现谐振数据,随着距离的增大和时间的推移,谐振造成的影响逐渐减小。④岩塞爆破前已对水库区域的船只进行了警示、清理及清退,岩塞爆破冲击波未对爆源附近水域造成大的安全影响。

## 5.2.5　爆破进程中的结构动态监控

应力应变是评判大体积混凝土结构性态的关键指标,岩塞爆破对工程影响最为明显的也是结构的应力应变,为有效评判工程性态,充分发挥数据采集模块的功用,保证岩塞爆破过程中数据采集的针对性、有效性、连续性,特将取水口上游段 GW0-116.060、GW0-094.560 监测断面和竖井 1 709 m 高程、1 739 m 高程、1 760 m 高程监测断面具有代表性的应力应变类仪器接入 CDM-VW305 型号采集模块,通过 CR6 进行实时快速的数据采集。

### 5.2.5.1　输水主洞上游段

由输水主洞上游段动态结构监测图(见图 5-59)可知:由于输水主洞上游段监测断面距离岩塞爆破点有一段距离,结合井下视频和结构动态采集可知岩塞开爆时上游段并未及时响应,而是在 10 时 58 分 30 秒即开爆后 23 s 左右(起爆时间为 10 时 58 分 7 秒)呈现因爆破振动导致的突变,之后随主洞极速充水导致内水压力迅速上升至峰值,上升至峰值的时间在 10 时 59 分 30 秒左右,然后在内外水压力综合作用下呈现波动。水下岩塞爆破进程中,物理量值未出现危及结构安全的异常突变,输水主洞上游段工程结构性态在安全范围内。

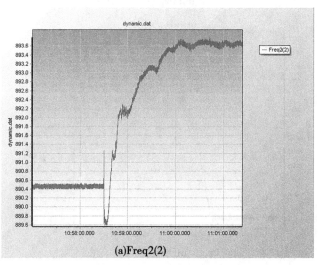

(a)Freq2(2)

图 5-59　输水主洞上游段动态结构监测图

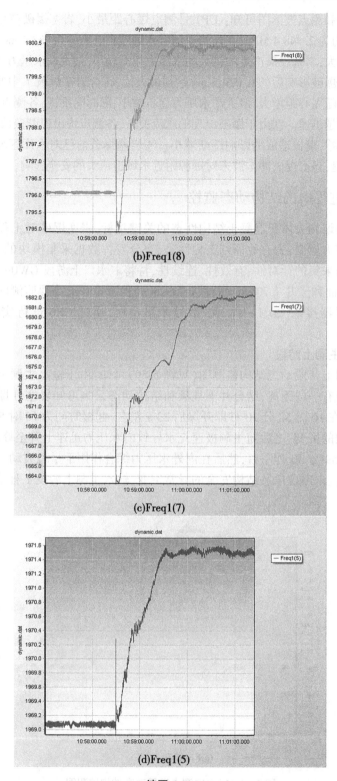

(b)Freq1(8)

(c)Freq1(7)

(d)Freq1(5)

续图 5-59

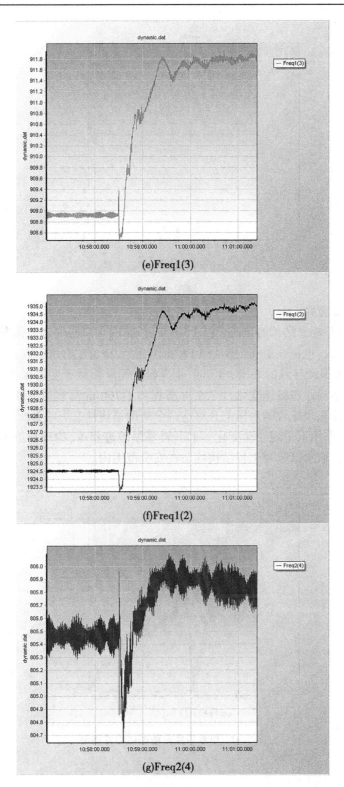

(e)Freq1(3)

(f)Freq1(2)

(g)Freq2(4)

续图 5-59

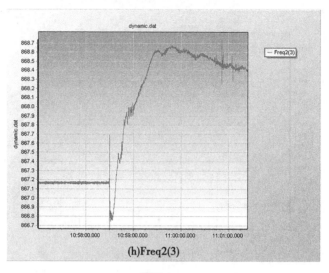

续图 5-59

### 5.2.5.2　取水口竖井

　　由取水口竖井动态结构监测图(见图 5-60)可知:取水口竖井各监测断面振动反应时间与主洞基本一致,也是在 10 时 58 分 30 秒即开爆后 23 s 左右(起爆时间为 10 时 58 分 7 秒)呈现因爆破振动导致的突变。1 709 m 高程监测断面处于竖井最下部,竖井内水压上升较为明显,结构性态极速变化,1 739 m 高程和 1 760 m 高程监测断面由于位置相对较高,竖井内极速充水导致的水压上升对这两个断面结构性态影响有所滞后,后期在竖井内极速充填水的作用下呈现波动变化。水下岩塞爆破进程中,物理量值未出现危及结构安全的异常突变,取水口竖井工程结构性态在安全范围内。

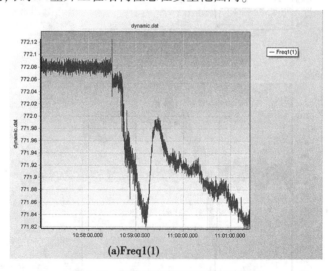

图 5-60　取水口竖井动态结构监测图

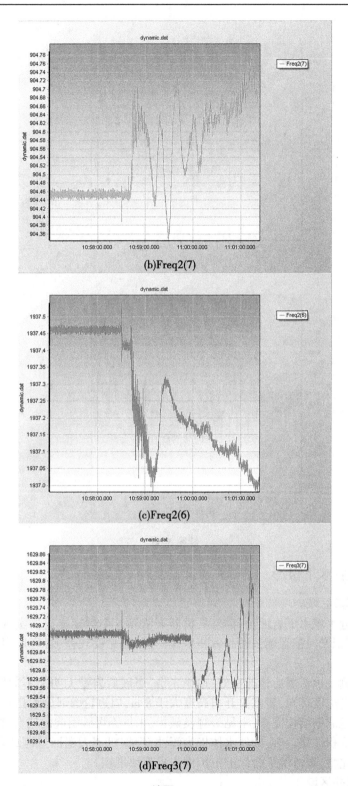

(b)Freq2(7)

(c)Freq2(6)

(d)Freq3(7)

续图 5-60

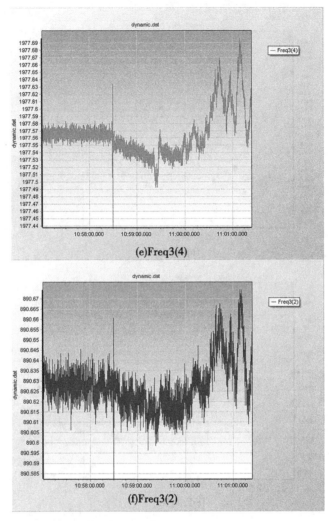

续图 5-60

## 5.2.6　爆破后水下摄影

### 5.2.6.1　岩塞口区域

岩塞口附近水域水下岩面上有淤泥,机器人依靠 6 个螺旋推进器实现进退、上浮、下潜和悬停等,沉积淤泥被螺旋桨卷起致使水体浑浊,能见度较差,岩塞口周边部分部位有碎石。

岩塞口左侧及顶部爆后情况良好,边缘光滑,爆破后岩壁无明显不规则突兀产状,由水下机器人下潜深度可知,岩塞口开口高度大于 8 m,周边轮廓部分炮孔残孔明显。

爆破后附近洞壁结构完整,未见裂缝及破损,未见因爆破引起的错台、倾斜等。

聚渣坑内沉积泥质较多,致使水体极为浑浊,根据机器人巡回检测结果可知,聚渣坑混凝土段结构完整,聚渣坑平台以上范围内未见石块堆积。

### 5.2.6.2　闸门井区域

受岩塞爆破影响,闸门井内已充水,机器人下放约 94 m 时接触既有水面。

闸门井竖井内井壁结构状态良好,未见破损、错台及裂缝等。

钢丝绳及吊盘状态良好,其上未见异常附着物。

拦污栅上未见大体积杂物,底部有淤泥淤积,闸门前底板未见爆破岩渣。

#### 5.2.6.3 结论

(1)岩塞口一次成功爆通成型,周边轮廓部分炮孔残孔明显。

(2)岩塞口水下邻近岩体稳定,无坍塌或滑坡。

(3)岩塞口爆后情况良好,边缘光滑,爆破后岩壁无明显不规则突兀产状,由水下机器人下潜深度可知,岩塞口开口高度大于 8 m。

(4)岩塞口附近混凝土洞壁结构完整,未见裂缝及破损,未见爆破引起的错台、倾斜。

(5)闸门井竖井内井壁结构状态良好,未见破损、错台及裂缝。

(6)钢丝绳及吊盘状态良好,其上未见异常附着物。

(7)拦污栅上未见大体积杂物,底部有淤泥淤积,闸门前底板未见爆破岩渣。

## 5.2.7　爆破后边坡稳定情况

根据取水口岩塞爆破沉降观测示意图,沿取水口轴线在上、下两层公路上布设沉降标点:上层布设 3 个沉降标点,LD2 布设在取水口轴线上,LD1 和 LD3 分别布设在取水口轴线左右两侧 20 m 处;下层布设 5 个沉降标点,LD6 布设在取水口轴线上,LD5 和 LD7 分别布设在取水口轴线左右两侧 10 m 处,LD4 和 LD8 分别布设在取水口轴线左右两侧 30 m 处。待埋设的沉降标点凝固稳定后,对所埋设的沉降标点进行了基准值的采集;在岩塞爆破后,又进行了沉降标点的测量。岩塞爆破前后沉降量见表 5-9,取水口岩塞爆破沉降标点沉降量分布见图 5-61。

表 5-9　取水口岩塞爆破沉降量

| 点位 | 上层标点沉降量/mm | | | 下层标点沉降量/mm | | | | | 观测时间 |
| 状态 | LD1 | LD2 | LD3 | LD4 | LD5 | LD6 | LD7 | LD8 | (年-月-日) |
|---|---|---|---|---|---|---|---|---|---|
| 爆破前 | 0 | 0 | 0 | 0 | 0 | 0 | 0 | 0 | 2019-01-17 |
| 爆破后 | 0.84 | 0.53 | 0.52 | 0.40 | 0.22 | 0.15 | 0.14 | 0.17 | 2019-01-22 |
| 爆破后第3天 | 1.02 | 0.88 | 0.82 | -0.73 | -0.99 | -0.9 | -0.86 | -0.71 | 2019-01-25 |

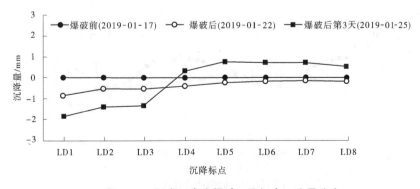

图 5-61　取水口岩塞爆破沉降标点沉降量分布

由测值可知,爆破当天和爆破前相比,上层公路取水口轴线观测点 LD2 下沉了 0.53 mm,其左右两侧观测点 LD1 和 LD3 分别下沉了 0.84 mm 和 0.52 mm;下层公路取水口轴线观测点 LD6 下沉了 0.15 mm,距轴线观测点 LD6 左右两侧 10 m 位置处的观测点 LD5 沉降了 0.22 mm、观测点 LD7 沉降了 0.14 mm,距轴线观测点 LD6 左右两侧 30 m 位置处观测点 LD4 沉降了 0.40 mm、观测点 LD8 沉降了 0.17 mm。爆破后第 3 天,上层公路取水口轴线观测点 LD2 累计下沉了 0.88 mm,其左右两侧观测点 LD1 和 LD3 分别累计下沉了 1.02 mm 和 0.82 mm,下降速率减小并逐步趋于稳定;与爆破前相比,下层公路取水口沉降测点呈现微弱抬升现象,其中轴线观测点 LD6 累计抬升了 0.9 mm,距轴线观测点 LD6 左右两侧 10 m 位置处的观测点 LD5 和 LD7 分别累计抬升了 0.99 mm 和 0.86 mm,距轴线观测点 LD6 左右两侧 30 m 位置处观测点 LD4 和 LD8 分别累计抬升了 0.73 mm 和 0.71 mm,左右较为一致。

综上所述,除二等水准测量受测量误差的影响外,岩塞爆破并未导致附近边坡和公路的异常沉降或明显坍塌,沉降测点变形量均比较小,边坡及路面整体较为稳定。

### 5.2.8 爆破后取水口建筑情况

岩塞爆破前,对取水口已埋设钢筋计、渗压计及应变计等监测仪器进行数据采集,作为对比分析的基准,岩塞爆破后应立即对各类仪器监测数据再次进行采集,并进行分析。

#### 5.2.8.1 应力应变

监测断面 GW0-116.060 距离岩塞爆破点最近,经过爆破前后监测数据采集分析可知,岩塞爆破前后,钢筋应力最大变幅为 6 MPa,应变最大变幅为 15 με,并逐步趋于稳定,爆破前后监测仪器测值变化不大,表明岩塞爆破对建筑物影响较小,未呈现明显异常。竖井内最下部 1 709 m 高程的极个别仪器受隧洞极速充水冲击和爆破冲击波的综合作用,测值略偏大,其他部位测值稳定。综上所述,洞室内各监测断面和竖井内监测断面应力应变仪器测值在岩塞爆破前后未呈现明显异常变化,钢筋应力测值变幅在 15 MPa 以内,应变计测值变幅多在 41 με 以内,结构应力应变性态较为稳定,岩塞爆破对建筑物影响有限。岩塞爆破典型应力应变测值过程线见图 5-62,岩塞爆破前后典型测值对比情况见表 5-10。

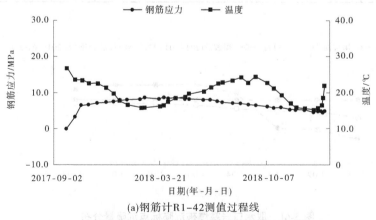

(a)钢筋计R1-42测值过程线

**图 5-62　岩塞爆破典型应力应变测值过程线**

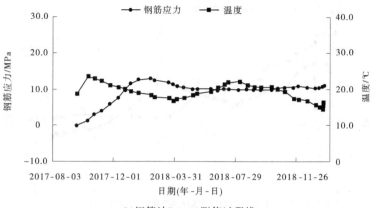

(b)钢筋计R1-52测值过程线

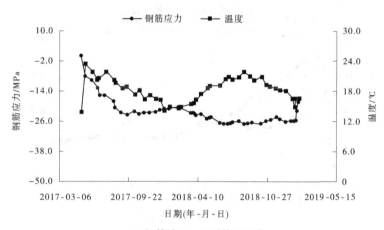

(c)钢筋计R1-21测值过程线

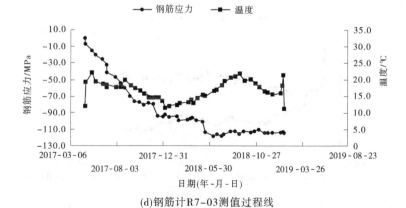

(d)钢筋计R7-03测值过程线

续图 5-62

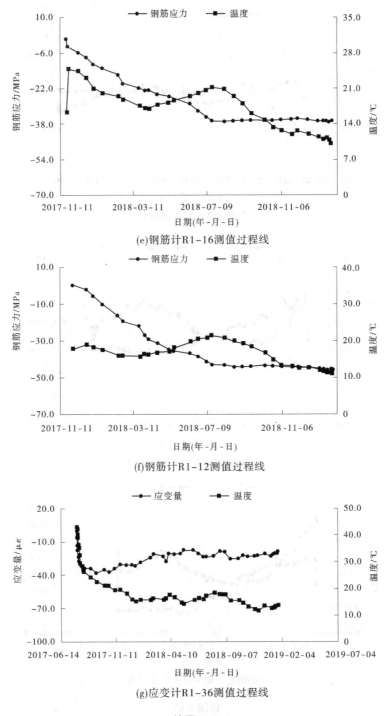

(e)钢筋计R1-16测值过程线

(f)钢筋计R1-12测值过程线

(g)应变计R1-36测值过程线

续图 5-62

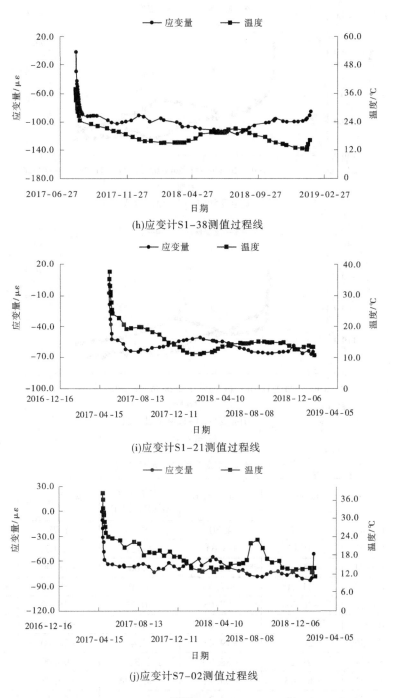

(h)应变计S1-38测值过程线

(i)应变计S1-21测值过程线

(j)应变计S7-02测值过程线

续图 5-62

(k)应变计S1-13测值过程线

(l)应变计S1-12测值过程线

续图 5-62

表 5-10　岩塞爆破前后典型测值对比情况

| 监测变量 | 设计编号 | 爆破前 | 爆破后当天 | 爆破后与爆破前相比 | 爆破后第 3 天 | 爆破后第 3 天与爆破前相比 |
|---|---|---|---|---|---|---|
| 钢筋应力/MPa | R1-42 | 4.85 | 4.30 | -0.55 | 4.78 | -0.07 |
| | R1-52 | -9.17 | -6.64 | 2.523 | 11.07 | 20.24 |
| | R1-21 | -25.60 | -22.00 | 3.60 | -18.00 | 7.55 |
| | R7-03 | -51.20 | -47.60 | 3.60 | -38.70 | 8.96 |
| | R1-16 | -36.78 | -37.05 | -0.27 | -36.50 | 0.55 |
| | R1-12 | -45.88 | -45.81 | 0.07 | -45.78 | 0.10 |
| 应变量/με | S1-36 | -20.78 | -19.41 | -4.47 | -20.40 | 0.38 |
| | S1-38 | -91.22 | -88.90 | 2.32 | -93.09 | -1.87 |
| | S1-21 | -64.43 | -65.72 | -1.29 | -42.08 | 22.35 |
| | S7-02 | -81.04 | -73.37 | 7.67 | -51.17 | 29.88 |
| | S1-13 | -124.76 | -119.24 | 5.52 | -95.84 | 28.92 |
| | S1-12 | -136.47 | -135.29 | 1.18 | -136.49 | -0.02 |

#### 5.2.8.2　内部变形

岩塞爆破前后,测缝计测值未呈现明显异常变化,测值变化不大,最大变幅为 0.5 mm 左右,出现在取水口 DW0-094.560 监测断面,其他部位变幅较小。

岩塞爆破前后围岩未出现明显异常变形,位移计测值最大变幅为 0.2 mm,出现在 GW0-116.060 位置,其他部位变幅很小。

综上所述,岩塞爆破未造成取水口建筑物明显异常变形,建筑物整体较为稳定。

#### 5.2.8.3　渗流

由各监测断面数据可知,岩塞爆破后,堵头上游迅速充水,结构渗流状态发生变化,监测断面 GW0-116.060、GW0-094.560、高位取水口交叉段、T0+000 和 1 709 m 高程监测断面处于井下主洞位置,渗流压力最大值达到 0.43 MPa,最大变幅在 0.30 MPa 左右,由于 1 739 m 高程和 1 760 m 高程监测断面高程较高,渗流性态受岩塞爆破导致的极速充水影响较小。由岩塞爆破前后的监测数据可知,大部分监测仪器测值逐步趋于稳定,极个别仪器测值有所增大,后期需持续监测建筑物渗流性态变化。岩塞爆破典型渗流测值过程线见图 5-63,岩塞爆破前后渗流压力变幅见表 5-11。

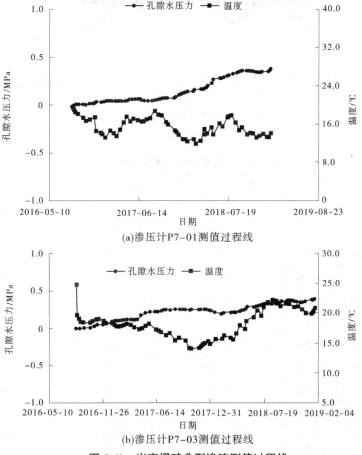

(a)渗压计P7-01测值过程线

(b)渗压计P7-03测值过程线

**图 5-63　岩塞爆破典型渗流测值过程线**

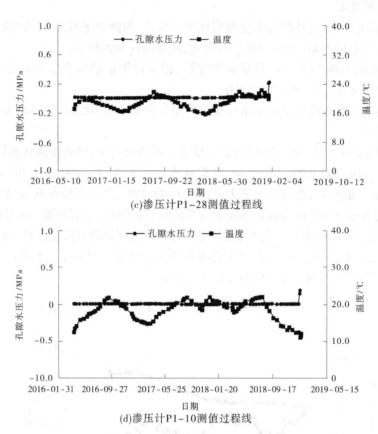

(c)渗压计P1-28测值过程线

(d)渗压计P1-10测值过程线

续图 5-63

表 5-11  岩塞爆破前后渗流压力变幅                    单位:MPa

| 设计编号 | 爆破前 | 爆破后 | 爆破后与爆破前相比 | 爆破后第 3 天 | 爆破后第 3 天与爆破前相比 |
|---|---|---|---|---|---|
| P1-03 | 0 | 0 | 0 | 0 | 0 |
| P1-04 | 0 | 0 | 0 | 0 | 0 |
| P1-07 | -0.001 | -0.001 | 0 | -0.001 | 0 |
| P1-10 | -0.002 | 0.136 | 0.138 | 0.198 | 0.200 |
| P1-12 | 0.018 | 0.116 | 0.098 | 0.191 | 0.174 |
| P1-15 | 0.067 | 0.143 | 0.076 | 0.408 | 0.343 |
| P1-16 | 0.141 | 0.290 | 0.149 | 0.426 | 0.284 |
| P1-22 | 0.065 | 0.250 | 0.185 | 0.255 | 0.191 |
| P1-24 | 0.136 | 0.329 | 0.193 | 0.338 | 0.202 |
| P1-28 | 0.026 | 0.212 | 0.186 | 0.222 | 0.196 |
| P7-03 | 0.372 | 0.381 | 0.008 8 | 0.388 | 0.016 |
| P7-04 | 0.358 | 0.365 | 0.007 3 | 0.373 | 0.015 |

综上所述,受岩塞爆通导致的极速充水影响,主洞内渗流状况有所变化,最大变幅在 0.3 MPa 左右,1 739 m 以上高程渗流性态较为稳定。

## 5.2.9　周边安全巡视检查

爆破后经过巡视检查,取水口建筑物、祁家黄河大桥和汇信生态酒店外观在爆破前后无明显异常,建筑物安然无恙,爆破周边边坡未见明显裂缝或坍塌现象,爆破未对人员、生物及相关设施造成明显不利影响。

## 5.2.10　小结

取水口岩塞爆破是兰州市水源地建设工程的关键节点性工程,岩塞爆破瞬间,建筑物的结构性态会因爆破振动发生不同程度的变化,岩塞爆通后,库区黄河水会迅速冲灌,堵头上游空间会迅速被进水充满直至闸门井最大水深,取水口建筑物第一次充水承受内水压力,应力、应变、渗流及变形势必会发生变化,原有的稳定性态被打破,形成新的结构性态并逐步趋于新的平衡。结合取水口建筑物结构自身监测、动态监控、振动监测、冲击波监测、边坡沉降观测和岩塞爆破摄影及巡视检查,得出以下结论:

(1)取水口井下洞室内各监测断面和竖井内监测断面钢筋计测值变幅均在 15 MPa 以内,接缝变化在 0.5 mm 以内,围岩性态稳定,围岩变化在 0.2 mm 以内,受爆破急速充水影响,岩塞附近渗透压力有所增大,最大变幅在 0.3 MPa 左右;岩塞爆破未造成取水口建筑物的明显异常变化,建筑物结构整体较为稳定。

(2)结合影像资料和结构动态监测数据可知,爆破振动对混凝土结构影响有所延迟,振动传导至测点后,测点发生突变,然后在爆破振动和水压力的综合作用下呈现波动变化;水下岩塞爆破进程中,结构物理量未出现危及工程安全的异常突变,工程整体未呈现险情,岩塞爆破并未对原有工程安全构成威胁。

(3)除距离岩塞最近一个振动测点 V1-01 受岩塞爆破和水流综合冲击后造成满量程数据导致超限外,其他振动测点采集峰值均在规范允许范围内且小于设计技术报告中爆破振动推算值和爆破安全标准,岩塞爆破测点振动速度符合由近及远逐渐减小的变化规律。

(4)水中冲击波测点随着爆心距的增大,最大动水压力逐步减小,随着时间的推进,各测点超压数值衰减明显,距爆源越远衰减越迅速;由于爆破出现的水流关系,各测点均出现谐振数据,随着距离的增大和时间的推移,谐振造成的影响逐渐减小。

(5)从沉降测值来看,岩塞爆破前后沉降变化很小,最大变化量为 1 mm,发生在取水口轴线上层公路,其他测点沉降量多在 0.9 mm 以内,表明岩塞爆破对边坡和路面的影响范围有限,未造成边坡的明显坍塌或沉降。

(6)井下和表观摄像设备工作正常,对岩塞爆破全过程进行了清晰而全面的采集,对于岩塞爆破的综合把控和评判起了较大作用;爆破后经过巡视检查,取水口建筑物、祁家黄河大桥和汇信生态酒店外观在爆破前后无明显异常,爆破周边边坡未见明显裂缝或坍塌现象,爆破未对人员、生物及相关设施造成明显不利影响。

# 第6章　安全监测自动化系统

## 6.1　配置概况

根据监测断面及测点布置方案,兰州水源地建设工程共设 10 个监测站,应用 BGK-Micro40 共计 39 台(其中 40 通道 31 台、32 通道 1 台、24 通道 2 台、16 通道 4 台、8 通道 1 台),光纤光栅解调仪共计 8 台。

## 6.2　自动化配置方案

### 6.2.1　系统环境

经现场勘察,取水口监测站、调流调压站监测站由市电供电,有宽带网络,带宽 2 M;有监测站及安装所需配套设施。调流调压站监测站有振弦式及光纤光栅式 2 种传感器。现场照片见图 6-1、图 6-2,现场基本情况见表 6-1。

(a)取水口监测站　　　　　　　　(b)调流调压站监测站

图 6-1　测站现场环境(1)

1#斜井监测站、2#竖井监测站、3#竖井监测站、4#竖井监测站、接触带井监测站、通气井监测站、F3 斜井监测站、分水井监测站 8 个测站无市电供电,无有线网络通信,其中接触带井监测站为竖井内安装采集设备(竖井位于地表以下),其余监测站建设监测房安装监测设备。

(a)监测房照片

(b)竖井照片

图 6-2　测站现场环境（2）

表 6-1　现场基本情况

| 序号 | 监测站名称 | 测点数量 | 供电情况 | 通信 | 安装位置 |
|---|---|---|---|---|---|
| 1 | 取水口监测站 | 259 | 市电 | 网线 | 取水口闸室 |
| 2 | 1#斜井监测站 | 19 | 太阳能 | 无线（移动/联通） | 观测房 |
| 3 | 2#竖井监测站 | 50 | 太阳能 | 无线（移动/联通） | 观测房 |
| 4 | 3#竖井监测站 | 69 | 太阳能 | 无线（移动/联通） | 观测房 |
| 5 | 4#竖井监测站 | 88 | 太阳能 | 无线（联通） | 观测房 |
| 6 | 接触带井监测站 | 134 | 太阳能 | 无线（移动/联通） | 竖井内 |
| 7 | 通气井监测站 | 78 | 太阳能 | 无线（移动） | 观测房 |
| 8 | F3 斜井监测站 | 204 | 太阳能 | 无线（移动/联通） | 观测房 |
| 9 | 调流调压站监测站 | 51 | 市电 | 网线 | 观测房 |
| 10 | 分水井监测站 | 399 | 太阳能 | 无线（联通） | 观测房 |

## 6.2.2　主要设备选型

根据现场情况,现场主要特点为供电方式多样;安装环境复杂,难以维护;通信方式多样等。所以,本书方案对光纤、振弦采集设备做如下选型。

### 6.2.2.1　BGK-FBG-8600S 光纤光栅解调仪

BGK-FBG-8600S 光纤光栅解调仪是一款高精度、高分辨率的光纤光栅解调仪(见图 6-3),该仪器集成了激光光源、数据采集和分析模块、网络通信等部分,并采用 TFT 彩屏显示。系统采用全光谱运算法、高速数字滤波技术、实时动态波长校准技术,具有动态范围大、长期稳定性好、精度高等特点。软件工作于 Windows 平台,具有多种视图显示功能,操作简单。该解调仪是目前最先进的中速光纤光栅解调仪,能实现在 100 Hz 频率下 16 通道同步进行高速动态测量,并具有全光谱查询功能。其技术指标见表 6-2。

图 6-3　BGK-FBG-8600S 光纤光栅解调仪

表 6-2　技术指标

| 项目 | 技术指标 |
| --- | --- |
| 通道数量 | 1、8、16 |
| 波长范围/nm | 1 525~1 565 |
| 精度/pm | 1 |
| 分辨力/pm | 0.1 |
| 动态范围/dB | 50 |
| 扫描速度/Hz | 1~100 |
| 扫描方式 | 并行扫描 |
| 光源 | 可调光纤激光器 |
| 光学接口 | FC/APC |
| FBG 带宽/nm | <0.8 |
| 通信接口 | Ethernet、USB、RS232、远程通信控制 |
| 显示方式 | 液晶屏(分辨率:640 像素×480 像素) |
| 电源 | 交流 100~240 V/60~50 Hz |
| 工耗/W | 40 |
| 工作温度/℃ | 0~50 |
| 箱体尺寸/mm | 305(长)×315(宽)×145(高)(通用型) |

#### 6.2.2.2　BGK-Micro-40 自动化数据采集仪

　　BGK-Micro-40 自动化数据采集仪测量系统由计算机、BGK-Logger 安全监测系统软件、BGK-Micro-40 自动化数据采集仪、智能式仪器等组成,可完成各类工程安全监测仪器的自动测量、数据处理、图表制作、异常测值报警等工作。系统软件基于 Windows XP / 7 / 8 / 10 工作平台,集用户管理、测量管理、数据管理、通信管理于一身,为工程安全的自动化测量及数据处理提供了极大的方便和有力的支持。软件界面友好,操作简单,使用人员在短时间内即可迅速掌握并使用该软件。

　　自动化数据采集仪内置模拟测量模块时,可测量振弦式仪器、差阻式仪器、标准电压电流信号、各类标准变送器类仪器、线性电位计式仪器。模块本身具有 8/16 个测量通道,可组成最基本的 8/16 通道测量系统。每个通道均可接入 1 支标准的仪器,通过安装多个测量模块,最多可实现 40 个通道的测量。内置智能测量模块时,可测量各类 RS485 输出的智能传感器。模块本身具有 8 个端口,每个端口可接入多支 RS485 输出传感器,最大接入数量为 40 支,且所有端口接入传感器数量之和不大于 40 支。

　　电源、通信接口及每个测量通道都具有防雷功能,符合《大坝安全监测自动采集装置》(DL/T 1134—2022)要求。BGK-Micro-40 自动化数据采集仪技术指标见表 6-3。

表 6-3　技术指标

| 项目 | 技术指标 | | | |
|---|---|---|---|---|
| 产品型号 | BGK-Micro-40 | | | |
| 通道数量 | 8、16、24、32、40 | | | |
| 信号类型 | 振弦式 | 差阻式 | 标准模拟量 | 线性电位器 |
| 测量范围 | 频率:400~5 000 Hz<br>温度:−20 ℃ | 电阻比:0.800 0~1.200 0<br>电阻和:0.02~120.02 Ω | 电压:−10~10 V<br>电流:−24~24 mA | 电阻值:<br>0~10 kΩ |
| 准确度 | 频率:0.1 Hz<br>温度:0.5 ℃ | 电阻比:0.000 1<br>电阻和:0.02 Ω | 电压:0.02%F·S<br>电流:0.05%F·S | 电阻比:0.000 1<br>电阻值:10 Ω |
| 分辨力 | 频率:±0.01 Hz<br>温度:0.1 ℃ | 电阻比:0.000 01<br>电阻和:0.001 Ω | 电压:<0.1 mV<br>电流:0.5 μA | 电阻比:0.000 01<br>电阻值:0.1 Ω |
| 每通道测量时间 | 振弦式小于 3 s,差阻式小于 4 s | | | |
| 其他传感器 | 视传感器稳定时间而定 | | | |
| 通信方式 | LAN/Wi-Fi/RS485/GPRS/光纤 | | | |
| 系统功耗 | 待机小于 0.5 W,测量小于 3 W | | | |
| 电源系统 | 供电方式:DC 12~24 V / AC 110~220 V;电池:12 V,7 Ah,免维护蓄电池 | | | |
| 数据接口 | 以太网口、Wi-Fi、RS485、USB 等 | | | |
| 时钟精度 | ±1 min/月 | | | |

续表 6-3

| 项目 | 技术指标 |
|---|---|
| 工作温度/℃ | −20~60 ℃ |
| 存储温度/℃ | −40~85 ℃ |
| 数据存储容量 | 2 MB(1 000 条记录) |
| 箱体尺寸/mm | 24 通道及以上机箱尺寸:600(长)×380(宽)×210(高)<br>16 通道、8 通道(建议选用小机箱)尺寸:380(长)×380(宽)×210(高) |
| 机箱防护等级 | IP67 |

## 6.2.3　组网及传输方式

根据现场实际情况采用 2 种组网及传输方式,其中取水口监测站、调流调压站监测站分别为安全监测设备预留 2 M 带宽公网,采用 RJ45 网线连接,这 2 座监测站采用 BGK-Micro40 自动化采集仪使用串口服务器将 RS485 通信方式转成 RJ45 通信方式后接入交换机进行通信,BGK-8600 解调仪自带 RJ45 可直接接入交换机。

1#斜井监测站、2#竖井监测站、3#竖井监测站、4#竖井监测站、接触带井监测站、通气井监测站、F3 斜井监测站、分水井监测站 8 个监测站采用无线方式传输数据,站内 BGK-Micro40 使用 RS485 将设备组网接入 GPRS 通信模块,并将数据通过无线 2G/3G/4G 网络联入 Internet 网络。

最终服务器通过 Internet 网络与自动化设备互通互联,实现数据采集、传输、控制等功能。自动化网络结构见图 6-4。

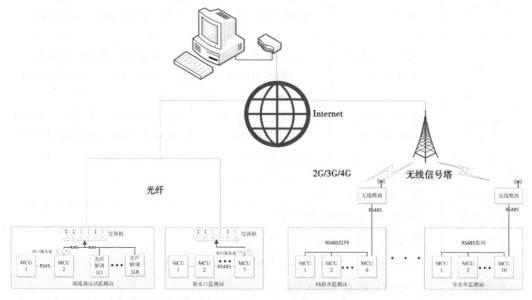

图 6-4　自动化网络结构

## 6.2.4　系统设备安装

1#斜井监测站、2#竖井监测站、3#竖井监测站、4#竖井监测站、通气井监测站、F3 斜井监测站、分水井监测站 7 个监测站有观测房,将太阳能电池板、避雷针安装在观测房顶端,将 BGK-Micro40、蓄电池安装在观测房机柜内(见图 6-5)。

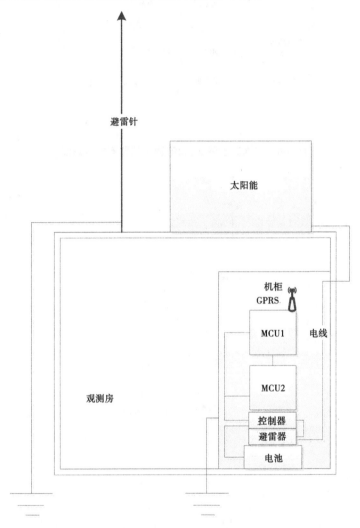

**图 6-5　观测房安装示意图**

取水口监测站、调流调压站监测站由市电供电,并配备柴油发电机作为后备电源,所以不配 ups 备用电源,由 2 M 宽带传输数据,将 BGK-Micro40、BGK-FBG8600S/16L 安装在测站机柜内(见图 6-6)。

接触带井监测站不单独建造观测房,BGK-Micro40 及蓄电池需要直接安装在竖井壁,太阳能避雷针使用立杆安装在竖井外地表(见图 6-7),使用混凝土浇筑,GPRS 无线传输模块需要安装在地表。

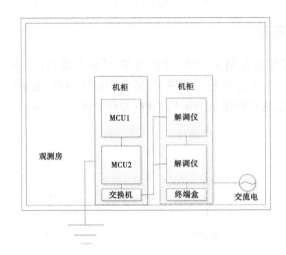

图6-6　取水口监测站、调流调压站监测站示意图

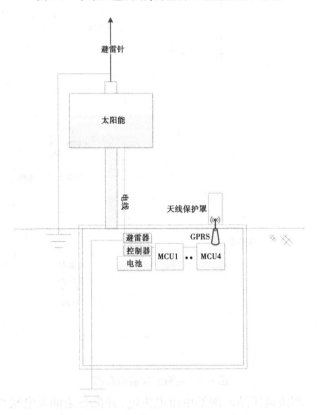

图6-7　接触带井监测站安装示意图

## 6.2.5　BGK-Micro40配置及通信

将所有断面数据线缆汇集一处,统一安装,采集仪的数量及通道按表6-4进行分配。

表 6-4 采集仪数量及通道分配统计

| 序号 | 监测站名称 | 测点数量 | BGK-Micro40 | | | | | 通信模块 | | 说明 |
|---|---|---|---|---|---|---|---|---|---|---|
| | | | 40通道 | 32通道 | 24通道 | 16通道 | 8通道 | 名称 | 数量/部 | |
| 1 | 取水口监测站 | 259 | 6 | | 1 | 1 | | 串口服务器（RS485-RJ45） | 7 | 16口交换机1台 |
| 2 | 1#斜井监测站 | 19 | | | 1 | | | GPRS通信模块 | 1 | 移动或联通卡1张 |
| 3 | 2#竖井监测站 | 50 | 1 | | | 1 | | GPRS通信模块 | 1 | 移动或联通卡1张 |
| 4 | 3#竖井监测站 | 69 | 1 | 1 | | | | GPRS通信模块 | 1 | 移动或联通卡1张 |
| 5 | 4#竖井监测站 | 88 | 2 | | | 1 | 1 | GPRS通信模块 | 1 | 联通卡1张 |
| 6 | 接触带井监测站 | 134 | 3 | | | 1 | 1 | GPRS通信模块 | 1 | 移动或联通卡1张 |
| 7 | 通气井监测站 | 78 | 2 | | | | | GPRS通信模块 | 1 | 移动卡1张 |
| 8 | F3斜井监测站 | 204 | 5 | | | | 1 | GPRS通信模块 | 1 | 移动或联通卡1张 |
| 9 | 调流调压站监测站 | 51 | 1 | | | 1 | | 串口服务器（RS485-RJ45） | 2 | 16口交换机1台与光纤光栅解调仪共用 |
| 10 | 分水井监测站 | 399 | 10 | | | | | GPRS通信模块 | 1 | 联通卡1张 |

## 6.2.6 BGK-FBG8600S/16L 配置

BGK-FBG8600S/16L 配置见表 6-5。

表 6-5 BGK-FBG8600S/16L 配置

| 编号 | 通道 | | 24 口终端盒所需通道数 | BGK-FBG8600S/16L 解调仪（双接）所需通道数 |
|---|---|---|---|---|
| | 单接 | 双接 | | |
| P0+500 | 4 | 10 | 14 | 9 |
| P1+000 | 7 | 8 | 15 | 11 |
| P2+000 | 7 | 8 | 15 | 11 |

续表 6-5

| 编号 | 通道 | | 24 口终端盒所需通道数 | BGK-FBG8600S/16L 解调仪(双接)所需通道数 |
|---|---|---|---|---|
| | 单接 | 双接 | | |
| P3+000 | 9 | 6 | 15 | 12 |
| P4+000 | 7 | 8 | 15 | 11 |
| P5+200 | 6 | 8 | 14 | 10 |
| P6+200 | 7 | 8 | 15 | 11 |
| P7+200 | 7 | 8 | 15 | 11 |
| P8+000 | 7 | 8 | 15 | 11 |
| P8+500 | 6 | 8 | 14 | 10 |
| 通道数量 | | | 147 | 107 |
| 设备数量/台 | | | 7 | 8 |

注:本方案采用单接方案,8 台 16 通道解调仪接入 128 个通道,冗余 21 个通道,用于后期双接传感器故障恢复,满足现场使用需求。

## 6.2.7　系统供电

BGK-Micro-40 自动化采集单元支持 220 V 交流供电或 12 V 太阳能供电。光纤光栅解调仪采用 220 V 交流电源供电。除调流调压站监测站采用市电供电外,其他测站均采用太阳能供电。太阳能具体配置见表 6-6。

表 6-6　太阳能配置

| 序号 | 监测站名称 | 测点数量 | 供电情况 | 太阳能板/W | 蓄电池/Ah | 充放电控制器 |
|---|---|---|---|---|---|---|
| 1 | 取水口监测站 | 259 | 市电 | — | — | — |
| 2 | 1#斜井监测站 | 19 | 太阳能 | 60 | 100 | 1 |
| 3 | 2#竖井监测站 | 50 | 太阳能 | 60 | 100 | 1 |
| 4 | 3#竖井监测站 | 69 | 太阳能 | 60 | 100 | 1 |
| 5 | 4#竖井监测站 | 88 | 太阳能 | 60 | 120 | 1 |
| 6 | 接触带井监测站 | 134 | 太阳能 | 80 | 150 | 1 |
| 7 | 通气井监测站 | 78 | 太阳能 | 60 | 100 | 1 |
| 8 | F3 斜井监测站 | 204 | 太阳能 | 80 | 200 | 1 |
| 9 | 调流调压站监测站 | 51 | 市电 | — | — | — |
| 10 | 分水井监测站 | 399 | 太阳能 | 150 | 300 | 1 |

太阳能电池板功率与蓄电池容量测算时,测量频次按每 6 h 采集一次数据,平均光照时间按 4 h/d,连续阴雨天按照 10 d 测算。

# 6.3　数据采集

## 6.3.1　BGK-Logger 自动化采集软件

### 6.3.1.1　软件简介

BGK-Logger 自动化采集软件是由基康仪器股份有限公司推出的用于工程安全自动化测量的新一代产品。该软件是整个系统中的上位机软件,能够支持基康仪器股份有限公司的多种自动化数据采集设备,如 BGK8001 低功耗数据采集仪、BGK8001 系列无线数据采集仪、BGK6850A 系列垂线坐标仪、BGKMicro40 多通道自动化数据采集单元等。

该软件集系统管理、自动化配置、自动化控制及数据管理于一身,可运用多种通信方式为工程安全的自动化测量及数据处理提供有力的支持。该软件具备以下特点:

(1)支持多个工程按文件夹存储各个工程数据,并可快捷地切换工程。

(2)分级的用户管理,不同权限的用户拥有不同的功能。

(3)完备的日志记录,自动记录重要操作的使用情况。

(4)支持 RS232、GPRS、TCP/IP 等多种传输方式,并集成了最新研发的 Zigbee 传输方式。

(5)快捷易用的配置方法,可让新用户迅速上手。

(6)等间隔定时采集、定点定时采集、在线选点采集等多种采集方式相互补充。

(7)自定义报警上下阈值,对超限测值进行声光报警。

(8)自动获取数据,真正实现自动化管理。

(9)完善的报表功能,可迅速生成浏览多种工程需要报表,导出成 Excel 表格。

(10)灵活的曲线绘制功能,可提供多种过程曲线。

BGK-Logger 自动化采集软件架构示意图见图 6-8。

### 6.3.1.2　系统管理

1. 用户管理

该软件系统用户权限分两级,即系统管理员和管理员。系统管理员只有 1 个,默认名为 Admin,密码为 1;系统管理员可以增加、删除管理员。

功能:增加用户、删除用户、修改个人密码。

2. 用户日志

查看软件系统用户的操作记录,支持按时间查询和按用户名查询功能,支持日志导出功能。

功能:查看日志、导出日志。

3. 背景图片

配置软件主界面的背景图片。

功能:增加图片、删除图片、选择图片。

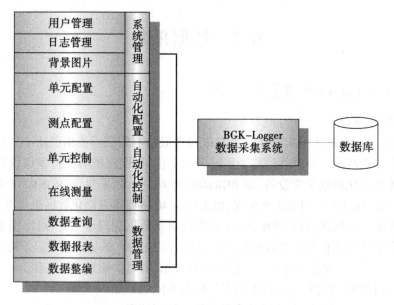

图 6-8　BGK-Logger 自动化采集软件架构示意图

### 6.3.1.3　自动化配置

1. 单元配置

配置自动化采集单元,包括单元编号、单元类型、通道总数、单元地址、超时时间、通信方式、测量方式等(见图 6-9)。

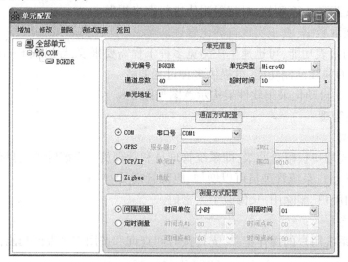

图 6-9　单元配置界面

功能:增加单元、删除单元、修改单元、测试单元连接。

2. 测点配置

配置自动化测点,包括测点编号、采集单元、通道号、传感器参数、报警上下限等(见图 6-10)。

功能:增加测点、删除测点、修改测点。

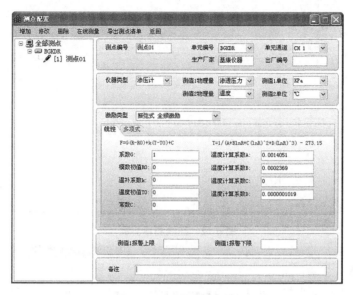

图 6-10　测点配置界面

#### 6.3.1.4　自动化控制

1. 单元控制

单元控制可显示采集单元及现场网络的工作状态,获取单元参数及采集单元数据等。

功能:查询单元状态、下载单元参数、获取单元全部数据、获取单元最新数据、自动获取新数据设置、删除单元数据等(见图 6-11)。

图 6-11　单元控制界面

2. 在线测量

在线测量测点的数据,即获取测点当前时间点的即时数据。

在测点列表中选择要获取当前即时数据的测点,点击菜单栏【在线测量】按钮(见图 6-12)。

#### 6.3.1.5　数据管理

1. 数据查询

功能:查询导出测点数据、重新计算数据(见图 6-13)。

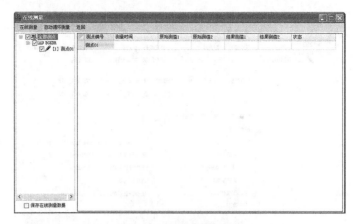

图 6-12　在线测量界面

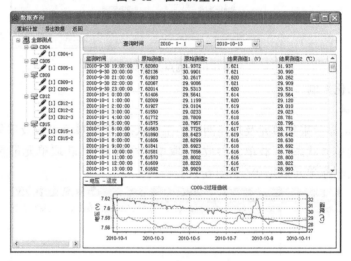

图 6-13　数据查询界面

**2. 数据报表**

功能:报表输出配置、预览输出监测数据报表(见图 6-14)。

图 6-14　数据报表界面

3. 数据整编

功能：测点组配置、测点组整编计算、整编数据保存。

## 6.3.2　BGK-FBG-8600 数据中心软件

### 6.3.2.1　设备及软件简介

BGK-FBG-8600 数据中心软件是基康仪器股份有限公司专门为高速测量而设计的分析仪，由扫描激光光源、光电转换模块、数据采集与分析模块、光波长处理模块、通信与显示模块、电源模块等构成，是目前最先进的高速光纤光栅解调仪，也是一款能实现在 100 Hz 频率下 16 通道同步进行高速动态测量且具有全光谱查询功能的解调仪。它采用全光谱运算法、高速数字滤波并进行实时动态波长校准技术，具有动态范围大、长期稳定性好、精度高等特点，适用于桥梁、桩基、水电站、大坝、电厂等各种环境下的监测。配套软件工作在 Windows XPE 平台上，具有多种视图显示功能，操作简单。外壳坚固精致、便于携带，适合在各种恶劣环境下使用。

BGK-FBG-8600 光纤光栅测量系统是一款采集光纤光栅传感器波长数据的软件，该软件界面友好、使用方便、稳定性好。该软件同时具备通道[1-8]数据显示视图、通道[9-16]数据显示视图、动态曲线视图、光谱查询与分析视图和光参数设置视图。初始界面为通道[1-8]数据显示视图，如图 6-15 所示。

图 6-15　数据显示视图

### 6.3.2.2　界面说明

1. 界面安排

该软件主体界面设计有设备信息显示区、信息显示区、消息提示区等模块。

1）设备信息显示区

设备信息显示区主要显示当前设备信息，以及设备的采集状态等。可以对设备信道、设备、通道状态进行修改，在所需要修改的信道、设备、通道处单击鼠标右键对其属性进行修改。

2）信息显示区

显示各个通道采集返回的波长和结果，其中信息显示区将根据在工具栏中不同选项切换至不同的视图界面，用于显示所查询的数据信息以及设备添加、参数设置等界面切换。

3）消息提示区

显示当前设备初始化信息、设备信息、当前软件运行状态信息以及采集返回的通道个数、传感器个数、采集波长或结果等相关信息。

2. 工具栏设计

工具栏由开始采集按钮、停止采集按钮、设备管理按钮、参数设置按钮、历史数据查询按钮、历史趋势图按钮、全屏显示按钮等组成。

1）开始采集

启动扫描函数，进入采集循环，向服务器端发送采集指令。

2）停止采集

扫描函数、停止扫描、本次采集停止、等待下次采集、关闭数据库连接等。

3）设备添加

用户可根据需要添加相应通信类型的设备和删除当前设备。

4）系统参数设置

可通过系统参数设置界面修改 GPRS、GSM、本地串口的参数，例如：GPRS 对应的 IP 地址、端口号、采集周期、超时时长等；GSM 对应的短信中心号码、采集周期、超时时间等；还可以修改开始采集时间和历史数据存储路径。

5）历史数据查询

可以通过设备号、通道号和所要查询的类型结果或波长，进行历史数据查询（见图 6-16）。

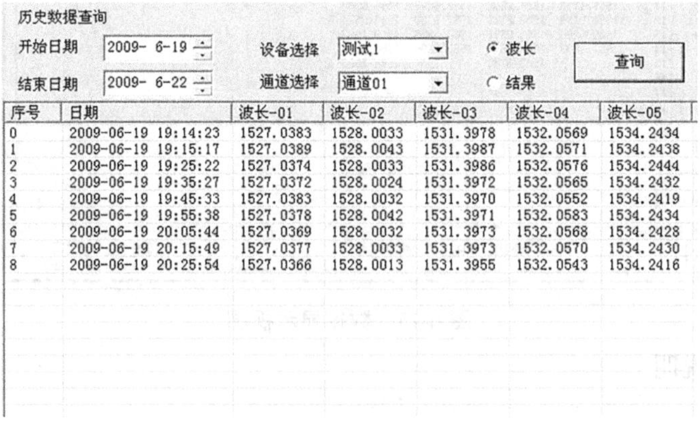
历史数据查询

开始日期 2009- 6-19 设备选择 测试1 ◉ 波长 查询

结束日期 2009- 6-22 通道选择 通道01 ○ 结果

| 序号 | 日期 | 波长-01 | 波长-02 | 波长-03 | 波长-04 | 波长-05 |
|---|---|---|---|---|---|---|
| 0 | 2009-06-19 19:14:23 | 1527.0383 | 1528.0033 | 1531.3978 | 1532.0569 | 1534.2434 |
| 1 | 2009-06-19 19:15:17 | 1527.0389 | 1528.0043 | 1531.3987 | 1532.0571 | 1534.2438 |
| 2 | 2009-06-19 19:25:22 | 1527.0374 | 1528.0033 | 1531.3986 | 1532.0576 | 1534.2444 |
| 3 | 2009-06-19 19:35:27 | 1527.0372 | 1528.0024 | 1531.3972 | 1532.0565 | 1534.2432 |
| 4 | 2009-06-19 19:45:33 | 1527.0383 | 1528.0032 | 1531.3970 | 1532.0552 | 1534.2419 |
| 5 | 2009-06-19 19:55:38 | 1527.0378 | 1528.0042 | 1531.3971 | 1532.0583 | 1534.2434 |
| 6 | 2009-06-19 20:05:44 | 1527.0369 | 1528.0032 | 1531.3973 | 1532.0568 | 1534.2428 |
| 7 | 2009-06-19 20:15:49 | 1527.0377 | 1528.0033 | 1531.3973 | 1532.0570 | 1534.2430 |
| 8 | 2009-06-19 20:25:54 | 1527.0366 | 1528.0013 | 1531.3955 | 1532.0543 | 1534.2416 |

**图 6-16 历史数据查询界面**

6）历史趋势

主要用来查看某一设备的某一个通道的历史数据信息，可查看所要查询的开始日期、结束日期、设备号、通道号以及所要查询的类型，如对结果或波长进行查询（见图 6-17）。

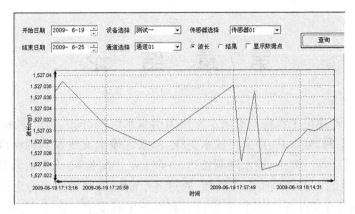

**图 6-17　历史趋势查询界面**

7) 全屏显示

可通过点击全屏显示按钮设置信息显示区为全屏显示或退出全屏显示。

# 第7章　结　论

　　兰州市水源地建设工程将刘家峡水库作为引水水源地,向兰州市供水。工程包括取水口、输水隧洞主洞、分水井、芦家坪输水支线、彭家坪输水支线及其调流调压站、芦家坪水厂和彭家坪水厂等。其中,输水隧洞长达50余 km,主洞长40余 km,为有压洞;支洞长约10 km,为无压洞。沿线地质条件复杂,通过多个断层破碎带围岩稳定性较差,主洞埋设较大,平均埋设在200 m。同时,取水口岩塞水下爆破要求一次成型,无类似工程案例可以参考,技术难度大。为掌握输水隧洞运行状态,指导类似工程施工和运行,反馈设计,降低安全风险,为长距离输水隧洞安全监测提供给参考,本书对长距离输水隧洞中的安全监测系统设计、安全监测项目实施和监测效果评价等方面关键技术进行了研究,形成结论如下。

　　(1)静态安全监测系统设计方面:静态安全监测系统应包括沿线的主要建筑物,隧洞围岩、支护衬砌结构以及对安全有重大影响的边坡等,兼顾施工期监测和运行期监测。施工期临时性监测对象主要包括竖井塔架基础,施工支洞、主洞的围岩收敛变形,危险性较大的施工道路边坡等。主要监测项目以不均匀沉降和表面变形为主。永久性监测系统的设计是本书研究的重点,长距离输水隧洞监测线路长,监测断面、监测部位多,监测设施呈"整体分散、局部集中"分布,在隧洞沿线分散,在取水口、调压站、竖井等建筑物处集中。兰州市水源地建设工程的重点监测对象包括围岩、混凝土衬砌、管片衬砌、取水口、分水井以及调流调压站等重要建筑物;兰州市水源地建设工程的重点监测项目包括变形、渗流、应力、应变、水位等。

　　根据隧洞的类型、工作条件、沿线地质条件、施工方法和衬砌方式等因素,选择代表性洞段及重要建筑物关键部位,共计布设永久性监测断面54个。永久监测断面分为重点监测断面和辅助监测断面。重点监测断面布设围岩内部变形、洞壁收敛变形、接缝开合度、渗透压力、外水压力、扬压力、围岩压力、锚杆应力、钢管应力、混凝土衬砌应力应变等监测项目,布置相对全面,以便进行多种监测效应量对比分析和综合评价;辅助监测断面仅针对性地布置某项或几项监测项目,如布设有洞壁收敛变形和锚杆应力等。

　　长距离输水隧洞工程的特点是环境条件差、使用寿命长,监测仪器设备应考虑其实用性、可靠性、耐久性、经济性和便于实现自动化的特点。因此,主洞有压洞段及建筑物内采用振弦式仪器,该类仪器结构简单、携带方便,测值稳定、精确,能够克服恶劣的地下施工环境,且信号传输为频率信号,基本不受电阻的影响,信号在2 km内传输时效果非常好;在彭家坪支线无压洞段,由于传输距离长,一般在5 km左右,传统的差阻式和振弦式仪器无法满足信号传输要求,光纤光栅类仪器信号的传输距离长达十几甚至几百千米,且该类仪器技术已经成熟,单价相对较低。为了方便后期实现自动化,采用光纤光栅式仪器。

　　监测线缆布设应整体规划,避免干扰,不宜以明线方式敷设。监测线缆沿线应设置明线标志,避免对后续施工造成损坏。同时,为节省投资,对于采用振弦式仪器的部分,以监测断面为单位,在断面内仪器电缆引设采用外接 4 芯电缆的方式,在仪器电缆断面集中后引向观测站的过程中采用 24 芯专用电缆;对采用光纤光栅式仪器的部分,以监测断面为单位进行串联,断面内 1 支或多支仪器采用单芯光缆串联后集中引出,在断面内集中引出后引向观测站的过程中采用 12 芯主光缆。

(2)动态安全监测系统设计方面:动态安全监测系统应包括建筑物动态结构监测、振动监测、水中冲击波监测、洞内岩塞爆破过程摄影、岩塞爆破表面摄影等内容。

建筑物动态结构监测采用动态采集模块和已安装埋设的应力应变监测设备组成动态采集系统,采集频率为 1~333.3 Hz,实现了真正意义上的动态数据采集;振动监测选择取水口建筑物、隧洞衬砌混凝土、地表、桥梁和民房等已有建筑物为主要对象,并布设相应的测点;水中冲击波共布置 5 个测点进行观测,均使用浮桶漂浮,传感器安装于浮桶下方支架末端,支架末端位于水下 1.5 m 左右,采用 L20-P 爆破冲击波监测仪进行;视频摄像采用专业 400 万像素高清防爆摄像头,并配备光源,摄像头共布设 7 个,洞内视频信号经光纤传输至取水口上部,最后通过无线网桥的方式传输至项目部。

(3)静态监测实施方面:监测仪器设备安装埋设前应进行检验率定,振弦式传感器的检验率定按相关规范执行,光纤光栅式传感器的检验率定方法和步骤参考振弦式,采集设备改换为光纤解调仪。振弦式和光栅光纤式传感器受温度变化影响很小,且兰州市水源地建设工程为地下深埋隧洞工程,温度变化也很小,可不进行仪器的现场温度检验工作,直接利用厂家给出的温度系数进行相关计算。

安装监测仪器时,仪器距离掌子面越近,围岩变形"丢失"越少,为此,测点位置应尽可能靠近掌子面。但是,太靠近掌子面,仪器的防护比较困难,根据工程实际,仪器的安装位置距掌子面不宜大于 1 m。管片内的监测仪器应在管片安装前 1~2 月完成安装,为避免损坏或丢失,也不宜太早安装。光栅式仪器安装前,多支串联的 FBG 传感器应提前进行波长分配,串联传感器不宜超过 6 支,现场安装前熔接加长光缆,光缆引设时要避免弯折过大,应沿钢筋用尼龙扎带固定。

电缆的牵引敷设分为明敷和暗敷,振弦式仪器电缆在隧洞衬砌、建筑物、施工竖井内引设,全部采用暗敷的方式。引设以监测断面为基本单位,电缆采用 4 芯,在二次衬砌混凝土浇筑前汇集后引出断面,监测断面和现地观测站之间采用 24 芯电缆。同时,利用油漆喷涂明显的电缆走向标识,加强巡视,确保不在后续施工中对电缆造成损坏。管片内电缆由于电缆多、管片结构单薄,采用预埋多个电缆盒的方式,浇筑完成拆模后将电缆盒内的电缆找出,管片安装完成后通过 24 芯电缆接入现地监测站。

光缆仅用于彭家坪支线隧洞,采用拱顶线架明走的方式引设,断面内采用单芯单模铠装光缆,断面与现地监测站之间采用 12 芯主干光缆连接。

(4)动态监测实施方面:采用视频监控、动态监控、振动效应测试、冲击波测试等多种方法对水下岩塞爆破开展全过程的监控,布设双重视频,优化传输架构,引入前沿动态模块,同时合理布设监测测点,优化各类设备选型,保证了动态监控系统功效的充分发挥,为水下岩塞爆破顺利开展发挥了重要作用。

从多个角度、多个维度对水下岩塞爆破实施全方位全过程的监控,在保证爆破安全、把控工程质量、获取多维资料、评价爆破效果等方面发挥了重要作用,并为后期工程良性运行提供支持,同时可为类似工程提供参考。

　　(5)工程评价方面:由建筑物测值过程线可知,各建筑物混凝土应变多呈现压应变,钢筋计多呈现压应力,应变计与钢筋计测值变化趋势基本一致,且测值与相应温度多呈负相关变化;洞壁收敛变形、围岩深部变形、接缝开合度、支护结构应力变化无持续增大趋势,部分测点受二次灌浆和施工干扰影响有突变,但是测值目前已逐步趋于稳定;土压力计测值变化主要随着建筑物上部荷载的增加而逐渐增大,然后趋于稳定,无继续增大趋势;渗压计测值变化受地表降水和温度的影响呈规律性变化,目前测值基本稳定。

　　爆破振动对混凝土结构影响有所延迟,振动传导至测点后,测点发生突变,然后在爆破振动和水压力的综合作用下呈现波动变化,振动测点采集峰值均在规范允许范围内且小于设计技术报告中爆破振动推算值和爆破安全标准,岩塞爆破测点振动速度符合由近及远逐渐减小的变化规律。水中冲击波测点随着爆心距的增大,最大动水压力逐步减小;随着时间的推进,各测点超压数值衰减明显,距爆源越远,衰减越迅速;由于爆破出现的水流关系,各测点均出现谐振数据,随着距离的增大和时间的推移,谐振造成的影响逐渐减小。水下岩塞爆破进程中,结构物理量未出现危及工程安全的异常突变,工程整体未呈现险情,岩塞爆破并未对原有工程安全构成威胁。

# 参 考 文 献

［1］陈静,丁勇,周克明,等.FBG锚杆应力计在引水隧洞安全监测中的应用研究[J].工程勘察,2016 (12):48-51.

［2］高焕焕,张雷,何新红.长引水隧洞安全监测设计关键技术初探[J].西北水电,2011(S1):5-14.

［3］杨延有,张峰.输水隧洞自动化监测系统与应用[J].测绘科学,2010,35(S1):226-227.

［4］樊新忠,张许平.深埋长隧洞监测电缆孔施工方法研究[J].山西水利,2005(2):63-64.

［5］唐震.超长隧洞永久变形监测设备布设及初步分析[J].黑龙江水利科技,2014(12):133-134.

［6］靳玮涛.南水北调中线穿黄隧洞安全监测系统设计研究[J].西北水电,2015(1):96-102.

［7］刘超英.水下岩塞爆破地震反应谱分析[J].中国农村水利水电,2004(8):54-56.

［8］李彬峰.爆破振动的分析方法及测试仪器系统探讨[J].爆破,2003,20(1):81-84.

［9］黄诗渊.水工隧洞爆破施工振动对邻近边坡的影响研究[D].重庆:重庆交通大学,2016.

［10］庄盛珠.引滦隧洞在线监测与安全评估系统研究[D].北京:清华大学,2003.